U0047611

外食族啊
집에가서 밥먹자

回家開飯吧！

李美敬
——
著

邱淑怡
——
譯

221 道手殘小資女也學得會的家常料理，
讓厭世的上班族回歸餐桌，吃回健康

「今天又要吃什麼呢？」

「如果早餐、午餐、晚餐的內容，如同數學公式一樣套入使用，完全不用煩惱該有多好！」即便是身為主婦以及資深料理研究者的我，也為了每天餐桌上的菜色而苦惱；不過為了家人張羅一桌飯菜，依然是令人愉快的事。雖然許多人可能習慣仰賴娘家送來的常備小菜、超市選購的簡便熟食，或者乾脆每天都外食，如果能讓符合喜好的家常料理變得輕鬆簡單，就算不是皇宮御膳，也沒有特別的山珍海味，也能開心吃下好幾碗飯。有時候，只要一鍋溫暖的熱湯，搭配現煮的白飯，也能是珍貴的美味。

我想在這本書中，分享幾項關於料理的公式，無論是手藝尚未成熟的新嫁娘、下班後還得匆忙下廚的職業媽媽、經常不知道該如何買菜的單身族，或者認真練習廚藝卻不見進步、終究逐漸遠離廚房的族群，都能藉此解決一些煩惱。

在月曆顯眼處標記食材，構想菜色時參考每個季節的當令鮮蔬，想必能讓「今天又要吃什麼呢？」這個日復一日的問題獲得解答。以一週為單位規劃大致上的菜單，可降低料理的重複性，讓餐食內容更加多元，同時充分活用手中的食材。本書介紹的菜色，皆由普遍受到喜愛的食材為中心，每一項幾乎都能在等待米飯煮熟的同時迅速完成。學習如何以相同食材，在煮湯、鍋物、小菜、點心中靈活變化，將一項材料發揮最多樣的處理方式，不僅能降低丟棄浪費的情形，也能省去經常買菜的麻煩。

選購食材前，務必擬好一份清單，假設臨時缺貨或不甚理想，可以尋找類似的替代品，本書中的主食材或調味料，均有標示可以替代的選項。不便買菜的時候，將儲存備用的冷凍食品或罐頭製品，與簡單的蔬菜一起烹煮，也能臨時變出豐盛的餐點。

為了減少下廚所需的時間，建議先將調味料、醬汁、湯底等事先預備並冷藏保存，有時也能買幾道市售的家常熟食備用，盡量避免購買各種不同的瓶罐醬料，又因為用不完而過期丟棄。

任何事情都是熟能生巧，下廚也必定有手忙腳亂的入門期，只要練習上手之後，就能熟稔地處理食材，隨手都能調出恰到好處的滋味，讓做的人、吃的人都能感受到料理的成就與幸福。從超市買來的現成醬料，只要在使用前加入新鮮的蔥、蒜、香油與芝麻鹽，馬上蛻變成剛調製完成的新品──就像這樣，其實只要稍微努力一點點，看似重複性極高的家常菜，也能創造出新意。今天就開始回家下廚！你準備好了嗎？

創造料理的人　李美卿

Chapter 1

蔬菜 ✦ 65道

Chapter 3

肉類及蛋類　◆ 30道

Chapter 4
穀物及豆製品 ✦ 31道

Chapter 5

泡菜、醬漬及醋漬小菜　◆ 19道

料理工具

·

Cooking Note

　　製作家常料理前，首先了解書中以湯匙、紙杯為工具的計量法，各種食材約 100 公克的分量範例，介紹各種調味醬料、煮飯與處理食材的方法、簡易材料刨切、基本醬料製作、一點也不難的高湯熬煮，以及家常料理必備的廚房用具。

湯匙＆紙杯計量法

粉類材料計量法

鹽、糖、辣椒粉、胡椒粉、芝麻……等。

1匙：完整撈起一匙，表面呈現飽滿無凹陷的狀態。

0.5匙：佔約匙面一半的面積。

0.3匙：佔約匙面 ⅓ 的面積。

液體材料計量法

醬油、醋、料理酒……等。

1匙：液體完整充滿匙面。

0.5匙：佔約匙面一半的面積。

0.3匙：佔約匙面 ⅓ 的面積。

醬類材料計量法

辣椒醬、味噌醬……等。

1匙：完整撈起一匙，表面呈現飽滿無凹陷的狀態。

0.5匙：佔約匙面一半的面積。

0.3匙：佔約匙面 ⅓ 的面積。

液體材料的紙杯計量法

1杯：將材料幾乎填滿整個紙杯，稍微比200ml少一點。

½杯：材料的水位超過紙杯中央線一些。

請注意！

1.5 匙為一匙加半匙。
以拇指及食指將鹽或胡椒粉捏起的量稱為少量、少許，可依照口味喜好增減。

常見食材的 100g 分量範例

熟悉各種材料約100g的體積或尺寸，免於每次都要過秤的步驟，以目測的方式快速準備適當的分量。韓式家常菜常用的食材每100g的分量範例如下：

豆腐　　黃豆芽　　青花菜　　櫛瓜　　青椒

紅蘿蔔　　白蘿蔔　　小黃瓜　　洋蔥　　馬鈴薯

冬粉　　義大利麵條　　麵條　　豬肉（里肌）　　雞胸肉

蝦仁　　蛤蜊　　大蔥　　番茄　　泡菜

雞蛋 1 顆約 40 ～ 70g，本書中使用 1 顆、2 顆、3 顆等單位標示。

好吃的米飯！

米飯是亞洲人一日三餐之中極具重要性的主角，我們透過米飯獲得身體的能量，也藉由吃飯增進人際關係，這個主角當然要好吃才行。充滿誠意與真情的米飯或五穀飯，不需要特別的配菜，就是滿滿一碗人間美味；只要選購新鮮的米，洗淨後稍加浸泡，新手也能煮出美味的米飯。

米保存法

應放入密封容器置於陰涼處。夏季容易滋生米蟲，避免一次購入大量，建議少量多次購買為佳。在米蟲猖獗的炎炎夏日，若出現米蟲，可將米攤開在陰涼處，除去米蟲後放入冰箱冷藏。

米清洗法

步驟1 將米放入不鏽鋼或塑膠盆中，倒入大量清水沖洗。

步驟2 輕輕用手搓洗米粒，將大部分的水倒掉，同時避免米粒流出，然後再次用清水沖洗。重複3至4次，直到洗米水變得清澈。

步驟3 放入適量清水浸泡。浸泡時間最少20分鐘，狀況允許則以1小時為佳。若時間緊急，可使用溫水浸泡。

飯烹煮法

步驟1 將米和1.2倍分量的水放入鍋中，以大火加熱，沸騰後持續滾煮5分鐘。若滾水即將溢出鍋外，可稍微將爐火調小。

步驟2 以中火再煮5分鐘後關火。

步驟3 用清水沾濕飯杓，趁熱將鍋內的米飯翻鬆，防止底部產生結塊，使飯粒保持蓬鬆分明。濕潤的飯杓可避免飯粒沾黏。

飯保存法

剩餘的米飯應趁熱放入密封容器或保鮮盒中，待完全冷卻後蓋上蓋子，放入冷凍保存。經過冷凍的米飯，只要使用微波爐加熱約2分鐘，就能恢復像剛煮好一樣美味。微波加熱時，應把密封容器的蓋子拿掉，若是具有透氣孔的保鮮盒，可以將孔洞打開，飯粒才能保持濕潤。

石鍋飯
壓力鍋飯
電子鍋飯

每個人喜歡的米飯口感不盡相同，有人喜歡粒粒分明、蓬鬆偏乾的飯，也有人喜歡具有黏性，綿密較軟的感覺。不同的煮飯器具，可以煮出各種不同的口感。

石鍋飯　適合少量、質地乾爽的米飯，便於利用於韓式飯捲、壽司醋飯。鍋中的米粒必須完全熟透且均勻攤開，才能提升飯的香氣。建議選用較厚的材質，可避免擠壓在鍋底，加熱時也不易溢出。

壓力鍋　煮飯的速度較快，但口感較軟黏。壓力鍋可大幅縮短米飯或其他各式料理的烹調時間，尤其是使用糯米為食材的韓式八寶飯，可製作出理想的黏稠度，並讓製作過程變得簡易。五穀雜糧類若沒有充裕時間泡水軟化，也可利用壓力鍋烹煮。

電子鍋　具有便利的預約功能，只要放入適當比例的水，無須時刻看顧爐火，廚藝入門者也可輕鬆使用。持續保溫的設定也能提升米飯的存放時間，短時間內不會變質走味。

基礎食材處理法 ①

蔬菜處理法

　　清爽甘甜的蔬菜，比起滋味濃郁的肉類或海鮮，刺激性較少，若是處理或烹調方式錯誤，容易出現特殊的味道，普遍不被孩子們所接受。每種蔬菜都有順應其特性的處理方法，以彰顯它們真正的香氣和美味；烹煮時也要避免過多的添加物，享受食物原始風味和營養，才是健康之道。

小黃瓜
小黃瓜粗糙的表面容易殘留農藥或清潔劑，可用粗鹽搓洗後，以清水沖淨。

紅蘿蔔、白蘿蔔
蘿蔔可用乾淨的菜瓜布搓洗表面，再以刨刀削去外皮，或者直接使用已經處理乾淨的市售商品，白蘿蔔也可直接帶皮烹調。洗滌後的蘿蔔應完全擦乾，放入密封袋中保存。

綠辣椒、紅辣椒、青龍椒
先整株清洗後，再用手拔除蒂頭，可避免水氣經由蒂頭入侵，使風味變調。

洋蔥
切除洋蔥的根部，用手剝除外皮後洗淨。

大蔥、細蔥
首先將沾有泥土的大蔥或細蔥根部切除，撕掉枯黃或粗糙的外圍葉子，再以清水沖洗。經過清洗的蔥很容易壞掉，應根據使用量分別進行處理。剩餘的蔥可用報紙或餐巾紙包裹好，放入塑膠袋中保存，避免枯黃乾癟。

牛蒡

用乾淨的菜瓜布或刷子搓洗表面，再以刀背或刨刀刮除外皮。

蓮藕

用乾淨的菜瓜布或刷子搓洗表面，切除尾端與受傷的部分，連皮一起使用即可。若表皮損壞之處太多，可以直接用刨刀削去。

蘿蔔葉乾

將葉乾放入較大的盆中浸泡清水，輕輕搖晃清洗，撈起後用手擠乾水分。剩餘的葉乾可根據用途切成適當的尺寸，分成數個小包裝冷凍保存。

水芹

用手挑掉不好的葉子，摘除較粗的莖部，接著放入較大的盆中，倒入清水並搖晃清洗，重複約3次後，將水分完全瀝乾。

大白菜

將纖維過粗的外圍葉子摘除，挖掉底部的硬梗後切半，將葉子剝下使用。大片的葉子可用於煮湯或鍋物，中心的葉子則可製成配菜或涼拌。剝下的葉子無須切塊，整片一起烹煮才最美味。

高麗菜

切除底部後切成4等分，再將中央的硬梗去除使葉子自然分開，一片一片剝下洗淨。

葉菜

紅生菜、芝麻葉、皺葉甘藍等葉菜類，可摘除尾端的梗，放入較大的盆中搖晃清洗，重複約3次後撈起瀝乾。建議避免直接放在水龍頭下沖洗，自來水的沖力可能傷害葉菜。

桔梗、沙參

若整支的桔梗或沙參帶有大量泥沙，可在流動的水中用手搓洗，再以乾淨的菜瓜布或刷子仔細清潔皺摺處。切除根部後，仿效削蘋果皮的方式，用刀順著紋路削去外皮，才能減少內部連帶被削除的浪費。

海鮮處理法

　　完全新鮮的水產，連內臟都能一起食用；但隨著冷藏及冷凍設備的發達，暫時保存幾天再烹煮的情形更普遍，必須經由一定的處理程序，才能除去腥味。並不是所有海鮮食材都適合直接以大量清水沖洗，有些只要仔細清除內臟，以冷水快速洗淨，再用餐巾紙吸乾水分即可。

浸泡時使用蓋子，烘烤紙或暗色塑膠袋遮住光線為佳。

蛤蜊

在水中放入少量食鹽清洗蛤蜊後，再放入淡鹽水中浸泡吐沙約20分鐘。

章魚

先將頭皮外翻，取出墨囊與內臟後，撒上適量麵粉並均勻抹在全身，再以清水沖洗約3次。

白帶魚

以冷水沖洗後，剪去尖銳的邊緣，再切成適當的大塊狀，並以餐巾紙吸乾水分。

秋刀魚

切除尾巴及頭部，以刀尖處理鱗片與內臟，並用流動的清水沖洗，在魚身劃刀後撒鹽備用。無論是切塊燉煮或者整條乾烤，都應以固定的間隔在魚身劃刀。

黃魚

以刀尖刮除魚鱗，剪去尖銳的魚鰭和尾部，利用筷子插入魚鰓除去內臟，清水沖洗後再以餐巾紙擦乾。

螃蟹

先將外殼刷乾淨後剝下，用剪刀剪下蟹腳的尾端，再除去身上狀似棉花的部分，最後剪成適合烹調的尺寸。製作湯類料理時，可將剝除的蟹殼一起放入熬煮。

短蛸

若是連同墨囊都可食用的新鮮狀態，只要以麵粉均勻摩擦，消除黏液後沖淨即可。如果是冷凍或不喜歡吃墨囊的話，可剪下整個頭部並除去墨囊，均勻塗抹麵粉後洗淨，最後剪成適合一口的大小。

蝦

剪去頭部尖銳觸鬚、嘴巴和尾端，用牙籤或竹籤插入身體第2與第3節之間挑出內臟。湯類料理可放入蝦頭和蝦殼一起熬煮；若只要使用蝦仁，則可剝除腳部和外殼，再放入鹽水中輕輕搖晃清洗。

魷魚

步驟1 若要保持整體形狀不切塊，須用拇指和食指伸入並拔出內臟；如果要切塊，直接切除內臟即可。

步驟2 利用餐巾紙拉掉鰭部並剝除外殼。

步驟3 以較窄且規律的間隔，在魷魚肉的背面淺淺劃刀。

基礎食材處理法 ③

肉類處理法

　　不同的處理方式，會讓肉類產生截然不同的香氣與口感。冷藏肉應善加利用冰箱內的保鮮室，經由冷凍後退冰的肉品盡量不要再重複冷凍。濕潤的肉汁可能是散發腥味的原因，應用餐巾紙吸乾再烹調。

牛肉

事先將冷凍牛肉放入保鮮室中緩慢解凍，以餐巾紙吸除水分後備用。若購買適合煮湯或熱炒的部位，應根據用途切成適當尺寸，先包裹保鮮膜並放入密封袋，再置入保鮮室低溫冷藏。避免過量囤積，應最長以一週（使用2至3次）為單位衡量購買。若分量過多，可根據單次食用的需求，分成數個小包裝後冷凍。

豬肉

用於煮湯或熱炒的部位，可先切成適當尺寸，包裹保鮮膜並放入密封袋中冷藏。需整塊保存的里肌或腰內肉，也可依照單次使用的需求切成塊狀，包裹保鮮膜並放入密封袋冷藏，以保持濕潤。絞肉可放入密封袋中攤平，無論冷藏或冷凍都很方便。排骨則應泡水除去血塊和雜質後再使用。

簡易食材切法

　　蔬菜也有所謂的紋理，順應紋路切，才能避免鬆垮塌陷，保持一定的厚度。依據固定的尺寸或寬幅下刀，不僅視覺上整齊舒服，烹調時也能均勻受熱及入味。掌握切菜的要領，達到減少食材浪費，並提升烹飪時間的效果。

薄片狀

白蘿蔔
先切成2～2.5cm寬的圓形，再以2cm的寬度切成條狀，最後切成寬0.2cm的薄片。

小黃瓜
先以2.5cm切成小段，將圓形的切面向上，再切成0.2cm寬的薄片。

大片狀

白蘿蔔
先切下需要的分量，剖半後將切面向下，再以適合的寬度切成半圓形的片狀。

方便食用的小塊狀（適口大小）

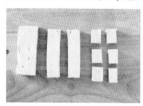

豆腐
豆腐普遍會先切成1.5～2cm寬的條狀，再橫切成1.5cm寬的小塊，約莫等於湯匙一半的體積，最好入口。

高麗菜
先剝下葉片後，以1.5～2cm的寬度切成長條，再切成1.5cm的片狀。

扇形

馬鈴薯
切半後將切面朝下，將刀子稍微傾斜，切出一邊較厚一邊較薄的扇形。

切絲

生薑與大蒜
先以一定的寬度切成片，再由長邊切成細絲。

菱形片狀

大蔥
以規律的間隔斜切成菱形片狀，長度可依據料理種類的需求調整。

綠辣椒、紅辣椒
拔除蒂頭，依據料理的性質切成適當的菱形片。

洋蔥
先將洋蔥切半並使切面朝下，刀尖向著根部方向，以適當的寬度切成扇形。

碎末狀

大蒜
先切成薄片、細絲後，再切成細細的蒜末。

大蔥
先切成4～5cm長的小段，沿著長邊切成絲，再轉向另一邊切成蔥末。

洋蔥
切半後將切面朝下，刀尖向著根部的方向，以適當的間隔切成條狀，但根部的位置不切斷。轉向另一邊後沿著條狀的尾端切成洋蔥末。

薄片切絲

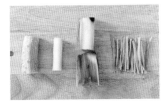

小黃瓜
以粗鹽搓洗小黃瓜表面，切成4～5cm長的段狀，以同心圓方式將小黃瓜切成不間斷的薄片，攤開後切成絲。

圓形末狀

大蔥 以適當的間隔直接切成薄薄的小圓末狀。

細蔥 切半後將兩段重疊，以適當的間隔直接切成薄片狀。

4～5cm長的小段

先將長蔥切半，兩段重疊後再切成4～5cm長的小段。

細説必備醬料

讓料理事半功倍的常備醬料

　　好的醬料，完全左右著料理的整體性與完成度。即便是頂級的山珍海味，使用錯誤的調味醬料也是令人食不下嚥。講究食材等級的同時，也應注意醬料的品質和種類。只要能善加利用家庭常見的調味品，下廚也可以是一件輕鬆快速的事。

鹽

粗鹽（海鹽）主要使用於釀製味噌醬、辣椒醬、醬油以及醃製泡菜、處理海鮮食材等。可以在春季購入粗鹽，放在通風的地方，讓粗鹽中的礦物質與空氣中的水分結合而流失，就能成為回甘美味的食用鹽。

精鹽是質地較細緻的鹽，通常由粗鹽經過人工純化而成，使用於家常料理較易溶解，偏向單純的鹹味。

香草鹽是食鹽與各種香料的混合物，一般常與胡椒粉、羅勒、奧勒岡葉等混合，適用於肉類料理。

糖

依照料理本身的色調，添加的糖也大致分成白糖、紅糖、黑糖等不同的類型。由甘蔗萃取出的原糖直接精製，甜度及純度最高者為白糖，沒有香氣和顏色，普遍使用於家庭料理。

黑糖的甜度略低於白糖，具有較深的顏色與獨特香氣，常用於八寶飯、柿子茶等需要呈現褐色調的項目。

紅糖則常在醃製水果與烘焙時替代白糖，避免成品過甜。

辣椒醬

自釀的辣椒醬可能比市售的鹽度較低，且較不具有光澤，但風味天然醇厚，適合製作鍋物或湯類。

市售辣椒醬色調漂亮、回甘又有光澤，常用於熱炒或涼拌料理。兩者的辣度也不盡相同，建議以個人口味為選用基準。

韓式味噌醬

自釀的甕缸味噌醬香氣濃厚、鹹味較重且顏色較深，使用時應注意分量，避免料理太鹹，平時建議冷藏保存。

市售商品也分成傳統發酵類及改良發酵類，帶有清香及溫潤順口的風味，但具有較強的甜度。可將自釀與市售商品混合使用。

醬油

醬油的分類及名稱五花八門，古法自家釀造的傳統醬油清澈重鹹，主要使用在湯類或鍋物調味。市售商品常見的有純醬油、釀造醬油、陳年醬油、壺底油、辣味醬油等。釀造醬油與陳年醬油濃郁回甘，普遍添加在燉煮、熱炒、燒烤料理中調味。尤其釀造醬油的風味又比陳年醬油清爽溫和，除了搭配燉煮或熱炒料理，也可以製成沾醬直接食用，陳年醬油則適合需要濃厚入味的料理。

辣椒粉

在秋陽的日光浴中風乾的辣椒，表色光亮且辣度最為鮮明。根據需要的辣度選購適合的商品，夏季時建議冷藏保存。

食用油

橄欖油主要使用於沙拉，葡萄籽油或芥菜籽油則適合熱炒或炸類料理。

料理酒、米酒

主要作用為海鮮或肉類去腥，也可以加入熱炒料理增添光澤，拌入調味醬可讓風味更溫潤。

蠔油、豆瓣醬、甜辣醬

蠔油以鮮蠔萃取物釀製而成，發源於中國，廣泛使用於華粵料理、熱炒、燉煮、燒烤及蓋飯調味。

豆瓣醬也是常見的中式調味品，微辣的風味適合熱炒或燉煮料理。

甜辣醬顧名思義即為帶有甜味的辣椒醬，品牌和種類相當多，依照料理需求選購即可。

鰹魚醬油、鰹魚露

鰹魚醬油主要材料為燻製鰹魚萃取液，再加入釀造醬油、昆布、香菇、蔬菜等製作而成的調味醬。無須費工熬煮海鮮或昆布高湯，直接使用就能調出鮮甜美味的湯頭。

鰹魚露是以鰹魚肉、海鹽、赤芝、香菇及多樣蔬菜熬煮濃縮而成的調味露，具有鰹魚的天然香氣和各種胺基酸所形成的鮮甜味。湯類、涼拌或熱炒料理，只要加一匙，就能迅速產生迷人的甘醇風味。

自製家常醬料

　　市面上的醬料商品變化越來越多，因為只要有調配好的調味品，就能大幅減少烹飪的時間。可以試著自製經常使用的基本醬料，不但省時又省錢喔！事先準備好大量的成品，存放於密封容器，每次約取 200g 使用，迅速又便利。

　　添加新鮮大蒜、蔥的醬料，以保存 1 週為佳；未添加蔥和大蒜的其他調味品，可延長至 1 個月左右；或者也可以先製作醬料基底，使用時再放入適量的蔥、蒜。

01 醬油基底的烤肉醬
（以肉400g為基準）
牛肉烤肉醬：醬油4、水飴1.5、料理酒1.5、糖1.5、蔥末3、蒜末1、香油、芝麻鹽、胡椒粉少許
豬肉烤肉醬：醬油4、蠔油0.5、糖1.5、水飴1、料理酒2、香油1、芝麻鹽1、蒜末1、蔥末3、薑末與胡椒少許

02 漬菜調味料
（以蔬菜100g為基準）
辣椒粉1、鯷魚露（或鰹魚露）2、醋1.5、糖0.5、芝麻粒與香油適量

03 豬肉辣味烤肉醬
（以肉400g為基準）
辣椒醬2、辣椒粉2、醬油4、糖1、水飴1、料理酒1、蒜末2、香油1，薑末及胡椒粉少許

04 蒸排骨＆燒烤醬
（以肉1kg為基準）
醬油½杯、糖4、水飴2、米酒2、香油2、蒜末3、蔥末2、胡椒粉少許

05 醋辣醬

沾醬用：辣椒醬2、糖1、水飴1、醋2、檸檬汁（或柚子醬）0.5、薑汁少許

涼拌用：辣椒醬3、辣椒粉0.5、醬油0.5、糖2.5、醋3、梅汁1、蒜末1、芝麻鹽1

06 醋飯調味料
（以飯1碗為基準）

醋2、糖1、鹽0.5、檸檬汁少許

07 辣味炒海鮮醬
（以海鮮400g為基準，約2人份）

辣椒醬3、辣椒粉1、醬油1、糖0.5、水飴1、蔥末2、蒜末1、胡椒粉少許

08 魚湯調味料
（以湯底3杯為基準，約2人份）

辣椒醬1、辣椒粉1.5、鰹魚粉1、蒜末1、薑末0.2、米酒1，鹽和胡椒粉少許

09 芥末醬

調好的芥末醬底（黃芥末粉0.5＋水1）1、水1.5、糖1、醋2、鹽少許

05

06

07

09

08

25

簡單又美味的高湯與鍋底

靈活運用自製高湯，可以讓料理變得輕鬆健康。預備好的湯頭可以冷藏保存約一週，也可使用乾淨的牛奶罐、飲料瓶填裝冷凍，適度延長保存期。不僅是湯類、鍋物，燉煮或醃漬類也能根據屬性，添加適合的高湯，讓風味層次更加豐富鮮甜。

01 天然牛肉粉

沒有時間熬煮高湯時，拿出平時備好的牛肉粉、海鮮粉等天然調味品，每3杯水添加1匙，煮滾後就能直接使用於湯類料理。

02 鰻魚昆布高湯

將鰻魚乾10尾、昆布（10X10cm）1張、水5杯放入鍋中滾煮約5分鐘，先將昆布撈起，鰻魚留在鍋中靜置，最後再以網篩過濾出高湯。如此完成的高湯約有4杯量，大致等於湯類2人份、鍋物3人份。

03 蛤蜊高湯

將吐沙過的蛤蜊200g與冷水5杯一起放入鍋中加熱，沸騰後將泡沫撈掉，再以細網篩過濾。如此完成的高湯約為湯類2人份、鍋物3人份。

04 香菇昆布高湯

準備5朵乾香菇，以清水沖洗後，與冷水1杯一起放入鍋中浸泡30分鐘，成為濃郁的香菇水。在香菇水中放入3杯冷水以及昆布（10X10cm）1張，滾煮5分鐘後撈起昆布。此時的高湯約為湯類2人份、鍋物3人份的量。浸泡香菇水剩餘的香菇，可直接切絲後放入料理中享用。

01

02

03

04

家庭基本烹飪用具

　　料理器具就如同協助主廚的副廚們，正確地選擇烹飪的得意助手，也相當重要，否則它們就只是佔據廚房空間的雜物罷了。比起流行或新穎的商品，最好還是仔細詢問身邊經驗較多的人，根據建言與需求選購適當的廚具，若已經擁有功能類似的可替代品，也沒有必要過度追求。

刀

菜刀應選擇握把完善、重量與尺寸易於操作者，且同時準備兩、三支，隨時替換使用為佳。鈍刀容易在切菜時傷到手，若出現變鈍或缺口情形，務必使用磨刀石或請專業店家處理。

果刀外型較小，適用於削水果及蔬菜；刨刀能讓馬鈴薯、白蘿蔔、紅蘿蔔等食材的去皮步驟變得輕鬆簡單。

砧板

市售的砧板材質多變化，應選購適合環境與下廚者習慣的商品，並為蔬果、海鮮、肉類及熟食各自準備專用的砧板。

湯鍋

製作湯類或鍋物時，選用底部較厚的款式，能為料理的美味加分，也提升保溫效果。熬煮醬汁可選擇直徑較寬的鍋。

平底鍋

大致分為適合熱炒料理的深鍋，以及適合煎烤料理的淺鍋。當鍋內的塗層褪色或剝落，會影響人體健康，應立即更換鍋子。若發現要放油才能使煎蛋不沾鍋，就表示替換新鍋的時機到了。

網篩

網篩的功能有很多種，基本上應預備：清洗蔬果後瀝乾、稀釋味噌醬後過濾顆粒、汆燙麵條後撈起瀝乾、炸物起鍋後瀝乾等，因應各種需求而形狀、尺寸、網目粗細度都不同的多個網篩。

壓力鍋

有利於快速煮飯或者燉煮肉類，能迅速使食材入味及熟透。

食物調理機

不僅可製作果汁、果泥，也能輕鬆將大蒜、洋蔥、堅果類打成碎末。

四季更迭的時令月曆

　　以當令食材為料理中心，三餐照時規律，搭配適當運動，這不就是長命百歲的不二法門？除了常年均可輕易取得且用處廣泛的豆腐、豆芽、雞蛋等食材，大多數的食材都以當季、新鮮，甚至搭配節氣、天候食用為佳。隨著四季更迭，時令月曆的內容也千變萬化。

春

3月

Vegetable 薺菜、單花韭、垂盆草、刺老牙、蜂斗菜、春白菜、紅生菜、魁蒿、茼蒿、金針菜、小白菜、嫩蘿蔔葉

Seafood 鰈魚、牡蠣、海苔、花蚶、真鯛、環文蛤、海帶、花蛤、鯧魚、黃花魚、短蛸、牛角蛤、羊栖菜、石蓴

Fruit 柳橙、草莓、檸檬

4月

Vegetable 薺菜、垂盆草、刺老牙、春白菜、韭菜、紅生菜、菠菜、魁蒿、茼蒿、蘆筍、高麗菜、西生菜、小白菜、嫩蘿蔔葉、竹筍、馬蹄菜

Seafood 螃蟹、真鯛、鯤魚、環文蛤、花蛤、鯧魚、短蛸、牛角蛤

Fruit 草莓、檸檬、甜杏

5月

Vegetable 大蒜、韭菜、紅生菜、高麗菜、洋蔥、小白菜、嫩蘿蔔葉、蔥

Seafood 烏賊、鯖魚、秋刀魚、螃蟹、　魚、真鯛、海蛸、鯤魚、鯧魚、魷魚、白蝦、鮑魚、短

蛸、鮪魚、牛角蛤

Fruit 草莓、檸檬、紅櫻桃、李子、西櫻桃

夏

6月

Vegetable 馬鈴薯、茖蓬菜、芝麻葉、四季豆、大蒜、韭菜、紅生菜、西洋芹、櫛瓜、高麗菜、洋蔥、小白菜、小黃瓜、玉米、甜椒、毛豆

Seafood 鯖魚、黃姑魚、鯧魚、土魟魚、魷魚、竹筴魚、鮑魚、黃花魚

Fruit 梅子、覆盆子、桃子、藍莓、甜杏、西瓜、紅櫻桃、桑葚、李子、香瓜

7月

Vegetable 茖蓬菜、芝麻葉、胡瓜、桔梗、韭菜、青花菜、紅生菜、西洋芹、櫛瓜、高麗菜、小黃瓜、玉米、番茄、蔥、甜椒、青椒

Seafood 白帶魚、烏賊、　魚、魷魚、鰻魚、斑鰩

Fruit 哈密瓜、覆盆子、桃子、藍莓、西瓜、酪梨、香瓜、葡萄

8月

Vegetable 茖蓬菜、芝麻葉、胡瓜、桔梗、韭菜、青花菜、紅生菜、西洋芹、櫛瓜、小黃瓜、玉

外食族啊，回家開飯吧！

米、番茄、甜椒、青椒
Seafood 秋刀魚、海膽、魷魚、鰻魚、鮑魚
Fruit 哈密瓜、桃子、西瓜、香瓜、葡萄

9月

Vegetable 馬鈴薯、辣椒、芝麻葉、紅蘿蔔、韭菜、小黃瓜、玉米、芋頭、番茄、香菇、西洋南瓜

Seafood 白帶魚、螃蟹、蝦、鮭魚、魷魚、鰻魚、油魚、黃花魚

Mushroom 秀珍菇、香菇等菇類

Fruit 無花果、梨、蘋果、石榴、葡萄

10月

Vegetable 馬鈴薯、紅蘿蔔、茖蔥菜、白蘿蔔、大白菜、韭菜、蕪菁、蝦夷蔥、西洋南瓜

Seafood 鰈魚、白帶魚、鯖魚、　魚、牡蠣、秋刀魚、螃蟹、大蝦、文蛤、土魠魚、蠑螺、油魚、鯡魚、淡菜

Mushroom 秀珍菇、松茸、香菇等菇類

Fruit 柿子、紅棗、木瓜、栗子、梨、蘋果、石榴、五味子、柚子、銀杏、松子

11月

Vegetable 紅蘿蔔、大蔥、白蘿蔔、韭菜、蓮藕、牛蒡、蝦夷蔥、西洋南瓜

Seafood 白帶魚、鯖魚、　魚、牡蠣、海苔、花蛤、秋刀魚、螃蟹、鱈魚、大蝦、文蛤、環文蛤、章魚、海帶、花蛤、土魠魚、明太魚、蠑螺、油魚、牛角蛤、羊栖菜、石蓴、淡菜

Mushroom 松茸、香菇、秀珍菇等菇類

Fruit 柿子、紅棗、木瓜、蘋果、石榴、五味子、柚子、銀杏、松子、奇異果

12月

Vegetable 紅蘿蔔、白蘿蔔、大白菜、山藥、菠菜、蘿蔔葉、蓮藕、花椰菜

Seafood 鰈魚、白帶魚、鯖魚、　魚、牡蠣、海苔、花蛤、長蛸、扁魚、鱈魚、環文蛤、章魚、海帶、花蛤、青甘魚、河豚、土魠魚、蝦、明太魚、松葉蟹、石蓴、淡菜

Fruit 柑橘、奇異果

1月

Vegetable 紅蘿蔔、白蘿蔔、菠菜、蓮藕、牛蒡

Seafood 白帶魚、鯖魚、牡蠣、海帶、花蛤、長蛸、鱈魚、冷凍明太魚、環文蛤、章魚、海帶、黃姑魚、花蛤、鯧魚、土魠魚、蝦、明太魚、牛角蛤、羊栖菜、石蓴、淡菜

Fruit 柑橘

2月

Vegetable 薺菜、單花韭、紅蘿蔔、水芹、菠菜、蓮藕、牛蒡、冬蔥

Seafood 鯖魚、　魚、牡蠣、海苔、花蛤、長蛸、昆布、鱈魚、冷凍明太魚、環文蛤、海帶、花蛤、土魠魚、明太魚、鮑魚、牛角蛤、羊栖菜、石蓴、淡菜

Fruit 柑橘、檸檬

牢牢貼在冰箱上，不可輕忽的

冷藏及冷凍食品保存期限

　　取代古早糧倉與菜園的現代冰箱，並非只要把食物放進去就能獲得永存的魔法箱子。無論是冷藏或冷凍，食材們都有其保存期限。隨時注意食材的新鮮程度與保存狀態，才能做出健康美味的餐食。因應每種食材的特質與屬性，自然有長短不一的暫存期間。

冷藏食材

肉類　絞肉 1日
雞肉 1日
塊狀的牛肉、豬肉 1～2日
培根 3～4日
五花肉1～2日
薄片牛肉、豬肉 1～2日
火腿 3～4日

海鮮　明太子 1週
環文蛤1～2日
花蛤 1～2日
蝦子 1～2日
魚類 1～2日
魷魚 1～2日
牛角蛤 1～2日
切塊的魚 1～2日

蔬菜　茄子 3～4日
馬鈴薯 1週 *1個月（室溫保存）
中國南瓜4～5日（切塊）*
　　　　2～3個月（室溫保存）
紅蘿蔔 4～5日
山藥 1週（切塊）*
　　　1個月（室溫保存）
白蘿蔔 4～5日
大白菜 1個月（整顆）*
　　　3～4日（切塊）
韭菜 3～4日
青花菜、花椰菜 2～3日

生薑 1週
菠菜 3～4日
櫛瓜 3～4日
高麗菜 2週
西生菜 3～4日
洋蔥 1週*1～2個月（室溫保存）
小黃瓜 3～4日
玉米 3～4日
牛蒡 1週
黃豆芽 1～2日
番茄 3～4日
毛豆 2～3日
青椒 1週
香料草 2～3日

水果　草莓 2～3日
檸檬 2週
哈密瓜 1～2日
無花果 1～2日
梨子 7～10日
蘋果 1～2週
西瓜 1～2日
柳橙 1個月
鳳梨 1～2日（切塊）*
　　　3～4日（室溫保存）
葡萄 2～3日

其他　雞蛋 5週
豆腐 2～3日
乳瑪琳 2週
栗子 2週
米飯 1日
菇類 1週
奶油 2週

鮮奶油 1～2日
優格 2～3日
牛奶 2～3日
銀杏 1個月
起司 1～2週

高麗菜 1～2週
洋蔥 1個月
玉米 1個月
牛蒡 1個月
黃豆芽 2週
番茄 1個月
毛豆 1個月
青椒 1個月

冷凍食品

肉類　絞肉 2週
　　　雞肉 2週
　　　塊狀的牛肉、豬肉2週
　　　培根 1個月
　　　五花肉 1個月
　　　香腸 1個月
　　　薄片牛肉、豬肉2週
　　　火腿 1個月

海鮮　明太子 2～3週
　　　環文蛤 1～2週
　　　花蛤 1～2週
　　　蝦子 1個月
　　　魚類 2週
　　　魚板 1個月
　　　魷魚2週
　　　牛角蛤 2週
　　　塊狀的魚肉 2～3週

蔬菜　茄子 1個月
　　　馬鈴薯 1個月
　　　中國南瓜 1個月
　　　紅蘿蔔 1個月
　　　大蔥 1個月
　　　山藥 2週
　　　大蒜 1個月
　　　白蘿蔔 1個月
　　　韭菜 1個月
　　　青花菜、花椰菜 1個月
　　　生薑 1個月
　　　綠豆芽 2週
　　　菠菜 2～3週
　　　櫛瓜 2週

水果　柿子 1個月
　　　柑橘 1個月
　　　草莓 1個月
　　　檸檬 1個月
　　　哈密瓜 1個月
　　　無花果 1個月
　　　香蕉 1個月
　　　梨子 1個月
　　　西瓜 1個月
　　　柳橙 1個月
　　　奇異果 1個月
　　　鳳梨 1個月
　　　葡萄 1個月

其他　雞蛋 1～2週
　　　豆腐 1個月
　　　栗子 1個月
　　　米飯 1個月
　　　菇類 2週
　　　奶油 1個月
　　　鮮奶油 2週
　　　優格 2週
　　　銀杏 1個月
　　　起司 1個月
　　　香料 2週

※冷凍保存的食材，除了直接以原樣冷凍，也有部分食
材必須經過瀝乾或煮熟的過程。

Chapter 1

蔬菜料理
65 道

綜觀各個國家的料理風格,如同韓式家常菜般使用大量蔬菜者,實為少數。四季分明氣候,讓每個季節都有不同的蔬菜盛產,加上多元的乾燥及醃漬手法,一整年都有豐盛無虞的蔬菜可食用。

下廚的人通常都會盡量選用當令食材,生意盎然的春天選購各種綠嫩的新芽;夏天則是由新芽長成、蘿蔔葉或紅生菜等葉片寬大的蔬菜;秋天是葉落果熟的季節,盛產食用根莖類、果實類及菇類;而春、夏、秋三季特意儲存的乾燥或醃漬蔬菜,以及最經典的過冬白菜泡菜,就要在嚴寒中和全家人一起享用。

新鮮的蔬菜除了早上前往農產品市集或傳統市場採購,超市或大賣場販售的單包商品,較適合需求量較小者。紅蘿蔔、洋蔥、馬鈴薯等常備項目,可用報紙包裹後放置陰涼處。乾香菇易於保存,使用前浸泡軟化後,剩餘的香菇水可用於製作鍋物或湯類。隨時準備 ½ 條白蘿蔔與 ¼ 顆高麗菜,就可簡易煮成湯或做成小菜,讓在家吃飯再也無須大費周章。馬鈴薯、地瓜、白蘿蔔、蓮藕、牛蒡等食用根莖類的料理,步驟簡易且接受度高,也是輕鬆出好菜的大功臣。肉類料理只要搭配上幾項葉菜與鹹甜醬料,這餐就能均衡又滿足。本章節介紹以當季蔬菜、白蘿蔔與高麗菜等常備食材為主的簡易食譜。

秋刀魚泡菜鍋

TIME　　25 分

YIELD　　2 人份

INGREDIENTS

秋刀魚（罐頭）1 罐
大白菜泡菜 ⅛ 顆（300g）
洋蔥 ¼ 顆
大蔥 ¼ 根
食用油 1 匙
辣椒粉 1 匙
水 4 杯
蒜末 1 匙
米酒 1 匙
鹽、胡椒粉 少許

替代食材

秋刀魚（罐頭）▶ 鯖魚（罐頭）

TIP

製作鍋物的泡菜建議使用保存較
久而味道偏酸的熟泡菜，泡菜的
湯汁也能使用於湯頭調味，使泡
菜香氣更濃郁，再依個人喜好，
利用辣椒粉或其他調味品增添辣
度與鹹度。

─ H-o-w ─T-o─ M-a-k-e ─

> 為防止秋刀魚產生
> 腥味，燉煮時請保
> 持不蓋鍋蓋喔

1 準備材料

將秋刀魚以網篩瀝乾，
或者罐頭開啟約一半並
用手按住，利用縫隙將
湯汁倒出。泡菜切成適
口大小，洋蔥切絲、大
蔥斜切成菱形片狀。

2 加熱泡菜

以食用油熱鍋後，放入切
好的泡菜及辣椒粉，翻炒
約 3～4 分鐘使泡菜軟化，
再倒入清水 4 杯，以大火
煮滾。

3 放入秋刀魚燉煮

泡菜湯沸騰後放入秋刀魚
和米酒，再次沸騰後調成
小火，持續燉煮 15 分鐘。

4 放入提味蔬菜

放入切好的洋蔥、大蔥和
蒜泥，以少許鹽和胡椒粉
調味後，再煮一會兒入味
即可。

鮪魚泡菜鍋

TIME 25 分鐘

YIELD 2 人份

INGREDIENTS
鮪魚（罐頭）1 罐
大白菜泡菜 ⅙ 顆（約 300g）
豆腐（鍋物用）½ 盒
大蔥 ¼ 根
食用油 1 匙
水 4 杯
泡菜湯汁 ¼ 杯
蒜末 0.5 匙
鹽、胡椒粉 少許

替代食材
食用油▶紫蘇油、香油

TIP
以大火熱炒泡菜容易燒焦，建議
先將鍋子預熱，放入泡菜後轉為
小火翻炒。

—H-o-w —T-o —M-a-k-e—

鮪魚肉應置於篩網
瀝乾後使用，剩餘
的分量放入密封容
器中保存

1 處理食材
將泡菜葉片上殘餘的醃
漬料抹去，再切成適口
大小。豆腐切成四方塊
狀，大蔥直接切成圓形
薄片。

2 加熱泡菜
以食用油熱鍋後，放入
切好的泡菜及辣椒粉，
翻炒約 3～4 分鐘使泡菜
軟化，再倒入清水 4 杯，
以大火煮滾。

3 放入鮪魚
放入鮪魚且再次沸騰
後，轉為小火持續燉煮
15～20 分鐘。

4 調味
放入豆腐及大蔥，拌煮 5
分鐘後放入蒜末，最後
以鹽和胡椒粉調味。

豬肉泡菜鍋

TIME 25 分鐘

YIELD 2 人份

INGREDIENTS

★主材料
大白菜泡菜 ⅛ 顆（約 300g）
豬肉（頸部）200g
洋蔥 ¼ 顆
青辣椒、紅辣椒 各 ½ 根
大蔥 ¼ 根
水 4 杯
酸泡菜湯汁 ¼ 杯
蒜末 1 匙
鹽、胡椒粉 少許
★豬肉調味料
蒜末 1 匙
粗辣椒粉 0.5 匙
鹽、胡椒粉 少許

替代食材

豬肉▶火腿

TIP

若怕泡菜太酸，不要直接使用，而是
放入事先預熱的鍋內，和豬肉一起翻
炒，再放入昆布高湯及泡菜湯汁一起
加熱煮滾，即可降低刺激的酸度。

—H-o-w—T-o—M-a-k-e—

也可使用燒烤用
的五花肉或市售
火鍋豬肉片

若湯汁已經煮乾後，
泡菜卻尚未軟化，可
直接加入熱水繼續燉
煮，不要加冷水以免
要重新升溫

1 處理食材

泡菜切成適口大小，洋
蔥切成較寬的條狀，青
辣椒、紅辣椒與大蔥斜
切成菱形片狀。

2 調味豬肉

將豬肉切成較寬的片
狀，放入上述的豬肉調
味料後仔細拌勻。

3 燉煮

在鍋中放入4杯水、酸泡
菜湯汁、切好的泡菜，
以大火煮滾，放入切好
的洋蔥及豬肉，重新沸
騰後以中火燉煮15分
鐘。

4 調味

放入切好的青辣椒、紅
辣椒、大蔥和蒜末，稍
微再煮入味後以鹽調
味。

豆腐泡菜鍋

TIME 25分

YIELD 2人份

INGREDIENTS

★主材料
豆腐（鍋物用）½ 盒（200g）
大白菜泡菜 ⅛ 顆（約 200g）
洋蔥 ¼ 顆
青辣椒、紅辣椒 各 ½ 根
大蔥 ½ 根
豬肉（頸部）200g
食用油 適量
昆布高湯 ¼ 杯
蒜末 1 匙
鹽、胡椒粉 少許

★豬肉調味料
蒜末 1 匙
粗辣椒粉 0.5 匙
鹽、胡椒粉 少許

TIP
將一片約手掌大小的昆布，與 5 杯清水一起加熱，沸騰後持續滾煮 2～3 分鐘關火，昆布下沉後撈出，成為約 4 杯分量的昆布高湯。若沒有時間煮高湯，可在泡菜鍋中直接放入昆布，加熱沸騰後將昆布撈出即可。

—H-o-w—T-o—M-a-k-e—

1 處理食材
豆腐及泡菜切成適口大小，洋蔥切成較寬的條狀，綠辣椒、紅辣椒與大蔥斜切成菱形片狀。

也可使用豬頸肉或前腿肉唷

2 豬肉調味
將豬肉切成小塊狀，根據上述的分量加入調味料，仔細拌勻後靜置2～3分鐘。

3 加熱燉煮
以食用油熱鍋後，放入豬肉及泡菜翻炒約2分鐘，再加入昆布高湯、酸泡菜湯汁和泡菜，以大火加熱至沸騰，再轉為中火持續燉煮10分鐘。

4 調味
泡菜適當軟化後，放入洋蔥和豆腐，同樣以中火煮5分鐘，放入青辣椒、紅辣椒、大蔥、蒜末，再煮一會兒之後以鹽和胡椒粉調味。

泡菜炒飯

TIME　　　20 分鐘

YIELD　　　2 人份

INGREDIENTS

培根 2 片
大白菜泡菜（熟）100g
洋蔥 ¼ 顆
細蔥 3 根
米飯 2 碗
鹽、胡椒粉 少許
食用油 適量
雞蛋 1 顆

替代食材

培根 ▶ 鮪魚（罐頭）、火腿

TIP

炒飯適合使用粒粒分明、不會黏糊軟爛的飯；若使用放涼或冷凍過的飯，下鍋前應以微波爐加熱 2 分鐘，可避免熱炒時吸收過多油分，保持成品的美味與口感。

⸺ H-o-w—T-o—M-a-k-e ⸺

直接放入冷飯，不易與其他食材相融合，應先將米飯適度加熱。

降低熟泡菜的酸度，同時釋放洋蔥的甜味，散發清爽誘人的香氣。

① 處理食材

將培根切碎，泡菜與洋蔥也切成類似的大小，細蔥直切成圓形薄片狀。

② 加熱翻炒

將鍋子預熱後加入食用油，首先放入培根炒熟，將培根加熱產生的油分除去後盛盤。再次以食用油熱鍋，放入泡菜和洋蔥翻炒約3分鐘。

③ 放入米飯與調味

放入溫熱的飯和炒好的培根，充分攪拌後以鹽和胡椒粉調味。

④ 放入蔥花

放入切好的蔥花拌勻，盛盤後擺上荷包蛋。

青陽椒黃豆芽湯

TIME 15 分鐘

YIELD 2 人份

INGREDIENTS
黃豆芽 150g
大蔥 ¼ 根
青陽辣椒 1 根
水 3 杯
昆布（6X6cm）1 片
蝦醬 1 匙
蒜末 0.3 匙
鹽 少許
辣椒粉 0.3 匙

替代食材
蝦醬▶純醬油、魚露

TIP
蝦醬僅取用湯汁來調味，但其中
的醃料若開始不能完全浸泡於湯
汁中，容易氧化腐敗，可將醃料
取出後切碎，再一起放入料理。

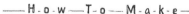
How-To-Make

若昆布的昆布可再切
成適口的細條狀，
放入料理中一起享
用

若太早加辣椒粉的
話，辣椒粉與其他食
材的融合容易讓整碗
湯變得混濁，最好起
鍋前再放喔！

1 處理食材
將黃豆芽搓洗乾淨，大
蔥斜切成菱形片狀，青
陽辣椒無須去籽，直接
切成圓形薄片狀。

2 煮熟黃豆芽
在鍋中放入3杯水、昆布
及黃豆芽，蓋上鍋蓋以
大火煮滾。

3 調味燉煮
開始沸騰後，先把昆布
撈起，轉成中火再煮5分
鐘，黃豆芽煮熟後放入
蝦醬及蒜末，再以鹽調
味。

4 放入青陽辣椒
放入切好的大蔥、青陽
辣椒和辣椒粉，再煮一
會兒即可。

泡菜黃豆芽湯

TIME 20 分鐘

YIELD 2 人份

INGREDIENTS

煮湯用的鯷魚 5 ～ 6 隻
水 4 杯
黃豆芽 100g
大白菜泡菜 100g
大蔥 ¼ 根
純醬油 1 匙
辣椒粉 0.5 匙
蒜末 1 匙
鹽、胡椒粉 少許

替代食材

鯷魚 ▶ 鯷魚粉、海鮮粉

TIP

純醬油的鹽度高且較清澈，適合
用於湯類料理，是一般家庭常備
的調味法寶。古早的人們使用傳
統古法醬油，現代都以市售的純
醬油取代。另外也可根據喜好替
換成鯷魚露或柴魚露等。

How To Make

若想更加迅速簡便，
可事先將鯷魚稍微炒
過，放入食物調理機
中打成細末，直接在
水中加1匙煮滾

1 製作鯷魚高湯

清除鯷魚的頭部與內
臟，與4杯清水一起放入
鍋中加熱，沸騰後轉為
中火，再持續煮5分鐘後
以篩網過濾，留下鯷魚
高湯。

2 準備食材

將黃豆芽洗淨瀝乾，抹
除泡菜上的醃料並切成
適口大小，大蔥斜切成
菱形片狀。

3 煮湯

在鍋中放入煮好的鯷魚
高湯、黃豆芽與泡菜，
蓋上鍋蓋加熱，沸騰後
再持續滾煮6～7分鐘。

4 調味

調整至中火煮5分鐘，放
入大蔥、純醬油、辣椒
粉、蒜末，再煮一會兒
後以鹽和胡椒粉調味。

紅白涼拌黃豆芽

TIME 15 分鐘

YIELD 2 人份

INGREDIENTS

★辣椒粉涼拌材料
黃豆芽 200g
水 1 杯
鹽（氽燙用）0.3 匙
鹽（調味用）0.3 匙
辣椒粉 1 匙
蔥花 1 匙
蒜末 0.3 匙
香油 1 匙
芝麻鹽 1 小匙

★鹽涼拌材料
黃豆芽 200g
紅辣椒 少許
蔥花 1 匙
蒜末 0.3 匙
鹽 少許
香油 1 匙
芝麻鹽 1 小匙

TIP
氽燙過的黃豆芽應直接靜置冷
卻，而非用水沖洗，調味拌勻後
才能保持口感。

H·o·w — T·o — M·a·k·e

放入辣椒粉後開始
輕輕拌開調味

辣椒粉涼拌黃豆芽

鹽涼拌黃豆芽

將芝麻放入研磨罐
中，磨成細末撒入，
可提升與黃豆芽的結
合度，更加散發芝麻
的清新香氣

1 氽燙黃豆芽

將黃豆芽搓洗乾淨，置
於篩網瀝乾，再放入鍋
中加入1杯水和鹽，蓋上
鍋蓋加熱，開始沸騰後
轉為中火，滾煮5分鐘後
撈起放涼。

2 準備食材

冷卻的黃豆芽加入鹽、
辣椒粉、蔥花、蒜末、
香油及芝麻鹽，輕輕拌
勻。

3 準備食材

將黃豆芽清洗乾淨並瀝
乾，紅辣椒切成較大的
碎塊狀。黃豆芽與1杯
水、鹽放入鍋中，蓋上
鍋蓋加熱，開始沸騰後
轉為中火，煮5分鐘再撈
起冷卻。

4 調味

冷卻的黃豆芽放入蔥
花、蒜末、鹽，拌勻後
再加入香油、芝麻鹽與
切碎的紅辣椒輕輕攪
拌。

醬煮黃豆芽

TIME　　25 分鐘

YIELD　　2 人份

INGREDIENTS

★主材料
黃豆芽 500g
昆布（5X5cm）1 片
水 ¼ 杯
香油 少許

★醬煮材料
醬油 4 匙
水飴 1 匙
糖 0.3 匙

TIP
醬煮料理通常使用陳年醬油或釀
造醬油，若太鹹可再煮多一點黃
豆芽加入，太淡則稍微添加醬油
用量。

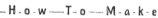

—H·o·w—T·o—M·a·k·e—

翻攪的步驟可避免
下方黃豆芽燒焦，
均勻翻動也能所有
黃豆芽都能沾取醬
汁而上色，入味

1 汆燙黃豆芽
將黃豆芽搓洗乾淨，與
昆布一起放入鍋中，倒
入¼杯水，蓋上鍋蓋煮
熟。

若黃豆芽因加熱而產
生過多水分，應先開
叙鍋蓋，以大火滾煮
煮發適量水分，再叙
入調味料

2 放入醬煮材料
開始沸騰後再多煮5分
鐘，使黃豆芽全熟。放
入醬油、水飴和糖，保
持鍋蓋開啟熬煮約50分
鐘。

3 翻攪入味
轉成小火，以木筷輕輕
上下翻攪。

4 放入香油
湯汁幾乎快收乾後關
火，放入香油再稍微攪
拌。

黃豆芽紫米飯

TIME　25 分鐘

YIELD　2 人份

INGREDIENTS

★主材料

米（白米）1½ 杯
紫米 1 匙
黃豆芽 200g
昆布（10X10cm）1 片
水 1½ 杯

★調味材料

細蔥 4 根
醬油 3 匙
香油 1 匙
芝麻鹽 1 小匙
辣椒粉 0.3 匙

替代食材

細蔥▶大蔥、韭菜、單花韭

TIP

剩餘的黃豆芽飯不建議再重新加熱食用，會使黃豆芽軟爛失去口感。因此準備食材時，就應拿捏適當的米飯分量，黃豆芽也以長度、直徑都中等的尺寸為佳，避免使用過長或過粗者。

H-o-w-T-o-M-a-k-e

如果沒有時間，可先於前晚將米泡入水中再冷藏保存，料理時即可直接使用

1 準備食材

白米和紫米洗淨後，浸泡溫水約10分鐘。拔除黃豆芽的尾端，以清水洗淨後瀝乾。

2 煮飯

在鍋中放入兩種米和昆布，均勻鋪上黃豆芽，再倒入1又½杯的水一起加熱。水開始沸騰後，轉為中火再煮6～7分鐘，接著轉為小火煮5分鐘。

3 製作調味醬

等待飯煮熟的期間，將細蔥直切為蔥花，紅辣椒無須去籽，切碎後加入醬油、香油、芝麻鹽和胡椒粉一起拌勻。

4 盛盤

黃豆芽飯煮熟後，先在鍋中將黃豆芽和紫米飯拌勻，盛盤後再拌入或沾取調味醬享用。

涼拌生蘿蔔

TIME　　20 分鐘

YIELD　　2 人份

INGREDIENTS

★主材料
白蘿蔔（5cm 長）1 塊
★調味材料
辣椒醬 0.5 匙
辣椒粉 1 匙
蔥花 1 匙
醋 1.5 匙
糖 1 匙
芝麻鹽、鹽 少許

TIP

秋季出產的白蘿蔔脆口甘甜，可
以不經過醃漬的步驟，直接涼拌
享用也很美味。夏季的白蘿蔔水
分較多且滋味較淡，建議拌入粗
鹽等待 5 分鐘，除去水分後再調
味。

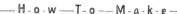
— H·o·w —T·o— M·a·k·e —

靜置 5 分鐘，
蘿蔔就會出
水軟化喔！

蘿蔔絲具有粗芽的
厚度，才能均勻裹
上調味醬料，且保
持均衡的口感

1 處理白蘿蔔

將長約5cm的白蘿蔔塊，
切成較粗的絲狀。

2 放入辣椒

將切好的蘿蔔絲放入大
碗，加入辣椒醬與辣椒
粉輕輕拌勻。

3 調味

蘿蔔絲軟化後，加入蔥
花、醋、糖、芝麻鹽和
鹽，在避免蘿蔔斷裂的
情況下，仔細攪拌均
勻。

涼拌石蓴生蘿蔔

TIME　　20 分鐘

YIELD　　2 人份

INGREDIENTS

★主材料
白蘿蔔（5cm 長）1 塊
石蓴 1 塊
鹽 少許

★調味材料
醋 3 匙
糖 2 匙
蔥花 1 匙
蒜末 0.3 匙
芝麻鹽 少許

TIP
剩餘的石蓴完全瀝乾後，可放入
密閉容器中保存約 1 天。之後石
蓴就會變得軟化扁塌，只能用於
其他料理。若剩餘的量過多，可
以放入密封袋中攤平後冷凍保
存。

編註：石蓴是海藻的一種。

——H-o-w—T-o—M-a-k-e——

將石蓴放入篩網中
清洗，比起直接放
入用水沖洗，可大
幅減少被沖刷而時
浪費情形

若沒有每條都切得
一樣寬的信心，可
以直接使用刨絲器

1 處理白蘿蔔
將長約5cm的白蘿蔔塊切
成細絲狀。

2 處理石蓴
將石蓴放入篩網中，再
疊放一個大盆，使石蓴
泡在水中進行清洗，仔
細清除異物。

3 放鹽靜置
在白蘿蔔絲中撒上適量
鹽巴後靜置一會兒。

4 調味
根據上述的分量將調味
料混合，再倒入切好的
蘿蔔絲中拌勻，再放入
石蓴輕輕攪拌。

蘿蔔乾涼拌花枝

TIME   25 分鐘

YIELD   2 人份

INGREDIENTS

★主材料
花枝 1 尾
鹽 少許
蘿蔔乾 30g
細蔥 5 根

★調味材料
辣椒粉 2 匙
鯷魚露 1 匙
水飴 1 匙
糖 0.3 匙
米酒 1 匙
蒜末 1 匙
香油 1 匙
芝麻鹽 0.5 小匙

替代食材
花枝▶短蛸、長蛸、螺肉、鱈魚乾
細蔥▶大蔥、韭菜、單花韭

TIP
蘿蔔乾長時間泡水會變得無味，而
且要保持乾皺的狀態，才能跟其他
材料產生的水分結合，同時達到吸
收調味的效果，整道菜也不會過度
濕潤。

─ H-o-w ─T-o─ M-a-k-e ─

花枝汆燙時間約1
分鐘，撈起後不可
用水沖洗，應直接
靜置放涼。

1 處理花枝
除去外皮，在內側劃出
刀痕，再切成細條狀。
滾水中加入少許鹽，放
入切好的花枝燙熟後瀝
乾。

2 準備配料
蘿蔔乾無須泡水，直接
在碗中以清水搖晃清洗
後瀝乾，細蔥切成2～
3cm長的細絲。

3 調製醬料
根據上述分量，將調味
材料混合均勻。

4 調味
將調好的醬料拌入蘿蔔
乾，再放進花枝和細蔥
拌勻。

蘿蔔飯

TIME 25 分鐘

YIELD 2 人份

INGREDIENTS

★主材料
白米 1 杯
白蘿蔔（4cm 長）1 塊
鹽 少許
水 1 杯

★調味材料
醬油 2 匙
直切的薄片蔥花 2 匙
香油 1 匙
芝麻鹽 0.5 小匙

TIP

在韓國，秋季的白蘿蔔約在夏末種植，11 月中旬收穫。這批白蘿蔔常被用於加工儲存，較小的做成水蘿蔔泡菜；體積較大、較成熟的白蘿蔔，則會抹上各種調味醬與配料成為醃漬醬菜，或者切成條狀製成蘿蔔乾。脆口甘甜的滋味，總在料理中展現提味與解膩的作用。

─H·o·w─T·o─M·a·k·e─

米粒浸泡在溫水中，內部組織較快變得鬆軟且更能吸收水分，煮成白飯後更為美味。若有更多時間，浸泡冷水 20～30 分鐘更好！

精鹽或粗鹽皆可用於調味喔

也可依照喜好添加辣椒粉或辣椒末

1 準備食材

將白米洗淨，浸泡溫水約 10 分鐘。取一塊長約 4cm 的白蘿蔔，切成寬度規律的條狀。

2 煮飯

將泡好的米放入飯鍋中，均勻鋪上蘿蔔絲，放入少許鹽，再倒入 1 杯水一起加熱。水開始沸騰後轉為中火，持續煮 6～7 分鐘，再轉為小火燜 5 分鐘。

3 調製醬料

等待煮飯的期間，根據上述分量，將調味材料混合均勻。

4 拌勻蘿蔔飯

米飯煮好後，輕輕與蘿蔔絲混和均勻，盛盤並搭配醬料享用。

馬鈴薯味噌鍋

TIME 20 分鐘

YIELD 2 人份

INGREDIENTS
豆腐（鍋物用）½ 盒
馬鈴薯（中）½ 顆
櫛瓜 ¼ 根
洋蔥 ¼ 顆
青辣椒 1 根
水 2 ½ 杯
味噌醬 3 匙
鯷魚粉 0.3 匙
蒜末 1 匙
辣椒粉 0.5 匙

替代食材
鯷魚粉▶蝦粉、昆布粉

TIP
味噌醬放入鍋物或湯類時通過篩網，可避免醬料在湯中結塊。若嫌麻煩，可直接放入湯中溶解。篩網上殘留的豆子也應一起放入烹煮。

— H·o·w—T·o—M·a·k·e —

將鯷魚切除頭部與內臟，用平底鍋炒乾後放入食物調理機打碎，就是自製的天然鯷魚粉

若喜歡以蛤蜊，可再加入味噌醬並再次沸騰時放入，熬煮時持續撈除泡沫

① 處理食材
豆腐和馬鈴薯切成適口大小，櫛瓜和洋蔥也切成小塊狀，青辣椒直切成圓形薄片狀。

② 煮湯
在湯鍋或砂鍋中放入2又½杯的水，加熱沸騰後將味噌醬經由篩網放入，拌勻後再放入馬鈴薯塊，以大火滾煮5分鐘。

③ 放入鯷魚粉
湯開始沸騰後轉為中火，放入鯷魚粉再煮5分鐘，接著加進洋蔥和櫛瓜，再持續熬煮3～4分鐘。

④ 放入剩餘材料
放入豆腐、青辣椒、蒜末和辣椒粉再煮一會兒直到入味。

馬鈴薯豬肉鍋

TIME   25 分鐘

YIELD   2 人份

INGREDIENTS

★主材料
馬鈴薯（中）½ 顆
豆腐（鍋物用）½ 盒
青辣椒、紅辣椒 各 1 根
大蔥 ¼ 根
豬肉（頸部）200g
食用油 適量
水 2½ 杯
辣椒醬 2 匙
鹽、胡椒粉 少許
★豬肉調味材料
蒜末 1 匙
粗辣椒粉 0.5 匙
鹽、胡椒 少許

TIP
韓式鍋物比湯類具有較少湯水及
較多配料，若在燉煮過程中收汁
過多，可適量加入熱水繼續加熱。

─ H-o-w ─ T-o ─ M-a-k-e ─

馬鈴薯與豬肉應避免燒
焦，若開始出現燒焦狀
態，立即轉成小火，或
者將鍋子提起，以離開
火源的方式翻炒。

馬鈴薯依照體積大小而
有不同的烹煮時間，可
用筷子插入馬鈴薯確認
熟透的狀態。若此時湯
汁剩餘太少，可加入熱
水持續熬煮。

1 處理食材
馬鈴薯去皮後切成適當
的塊狀，豆腐也切成適
口大小，青辣椒與紅辣
椒則是直切成圓形薄片
的末狀。

2 豬肉調味
將豬肉切成小塊，依據
調味材料的分量全數放
入後拌勻。

3 煮湯
湯鍋或砂鍋預熱後放入
食用油，以大火翻炒馬
鈴薯與豬肉約2分鐘，豬
肉表面炒熟後加入2又½
杯清水，再放入辣椒醬
溶解拌勻。

4 調味
沸騰後持續滾煮10分
鐘，放入豆腐、青辣
椒、紅辣椒和大蔥再煮
約2分鐘，最後以鹽和胡
椒粉調味。

馬鈴薯湯

TIME 15分鐘

YIELD 2人份

INGREDIENTS
馬鈴薯（中）½顆
青辣椒1根
香油1匙
水4杯
昆布（10X10cm）1片
純醬油1匙
鹽、胡椒粉 少許

TIP
在夏至前後收穫的馬鈴薯，俗稱為夏至馬鈴薯，應置於陽光不直射、通風良好的地方。如果開始發芽，應將發芽處仔細挖掉後再使用。

How-To-Make

馬鈴薯若有發芽且變成青綠色的現象，應兒全挖除後使用

1 處理食材
馬鈴薯去皮後放入水中清洗，並切成適當的塊狀。青辣椒切半，再斜切成較細的菱形片狀。

2 煮湯
將湯鍋預熱後放入香油和馬鈴薯，以大火翻炒約2分鐘，再放入4杯清水與昆布加熱。開始沸騰後夾出昆布，再持續滾煮約10分鐘使馬鈴薯全熟。

3 昆布切絲
夾出的昆布冷卻後切成細絲。

4 調味
馬鈴薯全熟後放入青辣椒、純醬油、鹽和胡椒粉調味，最後放入切絲的昆布再煮一會兒即可。

炒馬鈴薯絲

TIME 15 分鐘

YIELD 2 人份

INGREDIENTS
馬鈴薯（中）½ 顆
紅蘿蔔（4cm 長）1 塊
青椒 ½ 個
食用油 2 匙
鹽 0.3 匙
胡椒粉、黑芝麻 少許

TIP
馬鈴薯澱粉含量高，若直接下鍋
翻炒，容易隨著澱粉的釋放而變
成麵糊狀。切絲後稍微浸泡冷水
後瀝乾，就能保持理想的熱炒狀
態。鍋子也應使用塗層完好者，
避免沾鍋燒焦。

—How—To—Make—

> 馬鈴薯含有大量澱
> 粉，翻炒過久容易
> 因軟化而碎裂，應
> 根據熟的程度適當
> 翻炒即可

> 如果切太粗，容易
> 產生表面燒焦而中
> 間沒熟的情形，甚
> 至吃起來有刺麻感

> 記得！芝麻要
> 最後再撒上喔

1 馬鈴薯切絲
馬鈴薯去皮後切成長約
5cm 的絲狀，泡入冷水再
迅速撈起，置於篩網中
瀝乾。

2 處理食材
將紅蘿蔔切成長約4cm的
絲狀，青椒也切成長約
4cm 的細條狀。

3 拌炒食材
將平底鍋預熱後，放入
食用油與瀝乾的馬鈴薯
絲，以大火翻炒約3分
鐘，再加入紅蘿蔔拌炒
約2分鐘。馬鈴薯全熟後
撒入鹽拌勻。

4 調味
關火前放入青椒，稍微
翻炒後以胡椒粉調味。
盛盤後撒上適量黑芝
麻。

醬燉馬鈴薯

TIME	30 分鐘
YIELD	2 人份

INGREDIENTS

★主材料
小馬鈴薯 400g
青龍椒 10 根
食用油、辣油 適量
水 1½ 杯
黑芝麻 少許

★調味材料
辣椒粉 0.5 匙
醬油 4 匙
糖 1 匙
水飴 1.5 匙

替代食材
青龍椒▶綠辣椒、青椒

TIP
將小球狀的馬鈴薯放入盆中,放入可淹過馬鈴薯的水量,用手輕輕摩擦清洗。

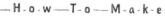

─ H·o·w ─ T·o ─ M·a·k·e ─

發芽的部分需連同周圍的部分,一起用刀尖全都挖除

調味醬的湯汁快被收乾時,容易因加熱而燒焦沾鍋,應隨時注意

1 處理馬鈴薯
將未去皮的馬鈴薯以清水洗淨,若尺寸太大可切半使用。

2 處理青龍椒
將蒂頭拔除,斜切成菱形片狀。另外將調味材料全數混合拌勻。

3 拌炒馬鈴薯
湯鍋預熱後放入食用油與辣油,放入馬鈴薯翻炒至呈現金黃色。馬鈴薯皮因加熱而變皺後,放入1又½杯清水,以大火加熱至沸騰,轉為中火並蓋上鍋蓋,持續煮5分鐘。

4 醬燉入味
倒入事先拌勻的調味材料,轉為小火再燉煮約15分鐘。

辣味馬鈴薯

TIME 30 分鐘

YIELD 2 人份

INGREDIENTS

★主材料
馬鈴薯（中）2 顆（約 300g）
食用油、辣油 適量
白芝麻 少許

★調味材料
水 1～1½ 杯
醬油 3 匙
辣椒粉 1 匙
糖 1 匙
水飴 1 匙

TIP
馬鈴薯在燉煮時，因高溫會呈現鬆軟綿密的感覺，但冷卻後卻因為澱粉的成分而重新凝固變硬。若將剩餘的馬鈴薯冷藏保存，下次食用前應重新加熱。

—H-o-w—T-o—M-a-k-e—

記得依據馬鈴薯的尺寸調整水量喔

1 處理馬鈴薯
將馬鈴薯洗淨後去皮，再切成適口大小。

2 加熱馬鈴薯
熱鍋後加入食用油與辣油，以大火翻炒馬鈴薯約 2 分鐘。

3 燉煮馬鈴薯
馬鈴薯稍微變熟後，加入 1～1 又 ½ 杯的水，持續加熱燉煮。

4 調味收汁
馬鈴薯大約半熟後，根據上述的分量加入調味材料，再以小火燉煮入味。調味醬汁幾乎收乾時，再撒上白芝麻然後盛盤。

涼拌生黃瓜

TIME 　　　10 分鐘

YIELD 　　　2 人份

INGREDIENTS
★主材料
小黃瓜 1 根
粗鹽（洗滌用）少許
精鹽（醃漬用）0.3 匙
★調味材料
辣椒粉 1 匙
糖 0.5 匙
醋 1 匙
蔥花 1 匙
蒜末、芝麻鹽 少許

TIP
選用尺寸接近大黃瓜、表面翠綠
且具有小刺的品種，在鹽漬步驟
中不易過度軟化，可保有清脆爽
口的風味。

—H·o·w—T·o—M·a·k·e—

> 倘若過度乾燥，黃瓜
> 片反而會乾癟，失去
> 爽脆口感。鹽漬後的
> 黃瓜，只要用廚房餐
> 巾紙輕輕壓乾即可

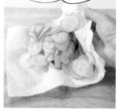

1 處理小黃瓜
以粗鹽摩擦搓洗黃瓜表
面，再直接切成圓形薄
片狀。

2 鹽漬
在切好的黃瓜片中撒上
少許鹽，拌勻後靜置約5
分鐘。

3 除去水分
黃瓜片變得清爽脆口
後，放在廚房餐巾紙中
輕壓，吸乾多餘水分。

4 調味
先放入辣椒粉攪拌，再
放入糖、醋、蔥末、蒜
末和芝麻鹽拌勻。

小黃瓜涼拌香菇

TIME　20 分鐘

YIELD　2 人份

INGREDIENTS

★主材料
小黃瓜 1 根
粗鹽 少許
生香菇 4 ～ 5 朵
紅辣椒 ¼ 根
食用油 1 匙
白芝麻、香油 少許

★調味材料
水 ¼ 杯
糖 0.5 匙
醬油 1 匙
蒜末 0.3 匙
胡椒粉 少許

TIP
小黃瓜有許多品種，基本的顏色
方面就有深綠和淺綠等不同的種
類。製作涼拌菜的小黃瓜，可挑
選淺綠色、質地較軟的品種。

—H-o-w—T-o—M-a-k-e—

使用 1 根小黃瓜
時，撒入的食鹽約
為 0.5（湯匙的一半
面積）匙

1 處理小黃瓜
先將小黃瓜剖成半圓
形，再斜切成片狀，撒
上適量食鹽靜置，再將
多餘的水分擦乾。

2 處理食材
將生香菇直切為片狀，
紅辣椒切成絲。

3 拌炒
以食用油熱鍋後，放入
香菇翻炒，再加上所有
調味材料拌勻。

4 調味
香菇炒熟後，放入小黃
瓜片、辣椒絲，以大火
翻炒約 2 分鐘，再以鹽調
味，盛盤前撒上白芝麻
和香油。

醬煮芝麻葉

TIME 20 分鐘

YIELD 4 人份

INGREDIENTS

★主材料
芝麻葉 40 片（約 4 把）
青辣椒 1 根
紅辣椒 1 根

★調味材料
紫蘇油 3 匙
辣椒粉 0.3 匙
醬油 1 匙
純醬油 1 匙
芝麻鹽 0.5 匙

—H-o-w—T-o—M-a-k-e—

> 放在篩網中瀝掉大部
> 分的水，但不完全瀝
> 乾，不僅在調味時不
> 用再另外加水，也能
> 提升芝麻葉的香氣

1 處理辣椒
綠辣椒和紅辣椒以不去
籽的狀態直切成小薄片。

2 清洗芝麻葉
將芝麻葉洗淨後瀝乾。

3 製作調味醬
將上述的調味材料全部
混合，再加入切好的綠
辣椒、紅辣椒末拌勻。

4 加熱入味
在湯鍋中放入 5～6 片
芝麻葉，淋上適量調味
醬，再重複鋪上芝麻葉
和調味醬，直到放完。
蓋上鍋蓋以小火加熱，
開始沸騰後打開鍋蓋，
再稍微燉煮一會兒。

辣蒸芝麻葉

TIME 10 分鐘

YIELD 4 人份

INGREDIENTS

★主材料
芝麻葉 40 片（約 4 把）

★調味材料
辣椒粉 1 匙
醬油 3 匙
糖 0.3 匙
米酒 1 匙
紫蘇油 2 匙
白芝麻 1 匙
青陽辣椒末（約 1 根分量）

-H·o·w—T·o—M·a·k·e-

1 清洗芝麻葉
切除過長的芝麻葉梗，
以清水洗淨後瀝乾。

2 製作調味醬
依照上述分量將調味材
料全數混合。

3 調味
將 4～5 片芝麻葉交疊後
放入盤中，淋上調好的
醬料，重複這樣的步驟
直到芝麻葉用完。

也可用微波爐
加熱 2 分鐘

4 蒸熟
放入事先預熱至冒煙的蒸
籠中，加熱約 5 分鐘。

芝麻葉煎餅

TIME 20 分鐘

YIELD 2 人份

INGREDIENTS

麵粉 1 杯
水 1⅙ 杯
辣椒醬 1 匙
櫛瓜 ¼ 根
芝麻葉 5 片
綠辣椒 1 根
食用油 適量

替代食材

麵粉▶煎餅粉、蕎麥粉

—— H·o·w —T·o— M·a·k·e ——

可根據喜好選擇甜味
較少、鹹度較強的傳
統釀造辣椒醬，或者
甜度較明顯而鹽分較
少的市售辣椒醬

1 製作麵糊

將1杯麵粉、1又⅙杯水
混合，攪拌至完全沒有
結塊後，放入辣椒醬拌
勻。

2 處理蔬菜

將芝麻葉和櫛瓜切成細
條狀，綠辣椒切成末狀
不去籽。

3 蔬菜拌入麵糊

將處理好的蔬菜拌入步
驟1的麵糊。

4 煎熟

將平底鍋預熱並放入食
用油，以湯匙舀取適量
麵糊放入鍋中，將正反
兩面煎至金黃酥脆。

鯷魚涼拌韭菜

TIME   15 分鐘

YIELD   2 人份

INGREDIENTS

韭菜 1 把
鹽 少許
鯷魚乾 20g
鯷魚露（或玉筋魚露）0.5 匙
辣椒粉 0.3 匙
香油、芝麻鹽 少許

TIP

韭菜若直接放在水龍頭下沖洗，
容易產生特有的異味，應將水接
在盆中，用手將韭菜輕搓洗淨。
以滾水汆燙後撈起瀝乾，再以冷
水浸洗一次。只有春季收穫的韭
菜具有較佳的口感與香氣，與鯷
魚露或玉筋魚露相當對味；若不
喜歡魚露的氣味，也可用常見的
鰹魚調味品或純醬油替代。

H·o·w—T·o—M·a·k·e

1　汆燙韭菜

將韭菜洗淨，清水煮滾
後放入少許鹽，放入韭
菜後用筷子翻動汆燙約
30秒。撈起後以冷水浸
洗，瀝乾後切成適口大
小。

2　炒鯷魚

將鯷魚乾上的異物清除
乾淨，平底鍋預熱後放
入食用油，稍微翻炒鯷
魚乾以消除腥味。

3　混合材料

將韭菜和鯷魚乾放入盆
中，輕輕以筷子翻攪拌
勻。

4　調味

淋上鯷魚露、辣椒粉、
香油和芝麻鹽一起混合
拌勻。

涼拌青龍椒

TIME   25 分鐘

YIELD   2 人份

INGREDIENTS

★主材料

青龍椒 100g

麵粉 ¼ 杯

食用油 適量

★調味材料

醬油 1 匙

辣椒粉 少許

香油 0.5 匙

芝麻鹽 0.3 匙

TIP

青龍椒裹上麵粉或煎餅粉，放入
蒸籠中加熱，可大幅降低菜腥味，
使口感變得溫和。若將其風乾並
以油熱炒，也是一道香氣四溢的
家常小菜。

── H·o·w ─ T·o ─ M·a·k·e ──

1 處理青龍椒

將青龍椒的蒂頭切除，
尺寸較大者切半。

2 裹上麵粉

均勻撒上麵粉拌勻。

3 蒸熟

將蒸籠預熱至冒煙，放
入處理好的青龍椒加
熱，直到麵粉變得透明
無色。

4 調味

根據上述的分量，將調
味材料與蒸好的青龍椒
一起拌勻。

洋蔥煎餅

TIME 10 分鐘

YIELD 2 人份

INGREDIENTS

★主材料
洋蔥 1 顆
芝麻葉 5 片
煎餅粉 ½ 杯
水⅔杯
食用油 適量

★調味材料
醬油 1 匙
醋 0.3 匙
米酒 0.3 匙
芝麻鹽 少許

替代材料

煎餅粉 ▶ 蕎麥粉、麵粉

TIP

若以蕎麥粉或麵粉替代，製作麵
糊時可放入適量食鹽調味。

─ H-o-w─T-o─M-a-k-e ─

1 處理食材

將洋蔥切成細絲，芝麻
葉切半後再切成適當寬
度的條狀。

2 製作麵糊

將煎餅粉和⅔杯的水放入
盆中，仔細攪拌至完全
沒有結塊，再放入切好
的洋蔥和芝麻葉拌勻。

3 煎熟

平底鍋預熱後放入適量
食用油，以湯匙舀取適
量麵糊，放入鍋中煎至
漂亮的微焦色。

4 製作沾醬

根據上述分量將調味材
料全數混合，成為煎餅
沾醬。

青椒肉絲配小饅頭

TIME 30 分鐘

YIELD 2 人份

INGREDIENTS

★主材料

青椒 1 個
洋蔥 ½ 顆
紅辣椒 ½ 根
牛肉（里肌）150g
食用油 1 匙
蔥末 1 匙
蒜末 1 匙
米酒 0.5 匙
辣油 0.5 匙
蠔油 1.5 匙
胡椒粉 少許
小饅頭 8 個

★牛肉調味材料

蛋白 1 顆
太白粉 1 匙
醬油 0.3 匙
米酒 0.5 匙
胡椒粉 少許

替代材料

青椒 ▶ 韭菜
小饅頭 ▶ 墨西哥捲餅皮、潤餅皮

How-To-Make

1 處理食材

將青椒切成長約0.5cm的細條狀，洋蔥與紅辣椒也切成相似的模樣。

2 熱炒

牛肉切成長約0.5cm的肉條，與調味材料混合拌勻。平底鍋預熱後放油以蔥末與蒜末爆香，再加入牛肉與米酒拌炒。

3 調味

鍋子預熱後加入辣油，放進洋蔥炒香後，再加入牛肉和青椒一起拌炒，並以蠔油和辣椒粉調味。

4 蒸饅頭

將蒸籠預熱至冒煙，放入饅頭後加熱約5分鐘。

芝麻涼拌菠菜

TIME　　10 分鐘

YIELD　　2 人份

INGREDIENTS
菠菜 ½ 把（150g）
粗鹽 少許
香油 1 匙
芝麻鹽 2 小匙

TIP
使用芝麻已均勻磨碎的調味品，
可大幅提升香氣與融合度，且盡
量不放或只放少量的蔥和蒜，避
免影響主角的風味。

H-o-w—T-o—M-a-k-e

以冬收穫且根部帶有紅色的菠菜風味最佳！

1 處理食材
將菠菜切段後，將水接
在盆中浸洗。

2 汆燙
在滾水中加入少許鹽，
放入菠菜並以筷子翻
動，汆燙 2～3 分鐘至梗
部變軟，撈起後再以冷
水浸洗瀝乾。

3 鹽漬
在瀝乾的菠菜中放入食
鹽拌勻靜置。

4 調味
放入香油與芝麻鹽仔細
拌勻。

涼拌綠豆芽

TIME 　10 分鐘

YIELD 　2 人份

INGREDIENTS
綠豆芽 200g
粗鹽 少許
鰹魚露 1 匙
芝麻鹽 1 匙
香油 1 匙

替代材料
鰹魚露 ▶ 鹽

TIP
調味後的綠豆芽會不斷出水，使整體風味逐漸變淡，初步調味時建議加重分量，也可根據喜好添加蔥或蒜。

── H·o·w ─ T·o ─ M·a·k·e ──

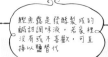
鰹魚露是發酵製成的鹹甜調味液，若家裡沒有或不喜歡，可直接以鹽替代

1 處理綠豆芽
將綠豆芽仔細輕搓洗淨後瀝乾。

2 汆燙
在滾水中加入適量粗鹽，放入綠豆芽汆燙約3分鐘，保持口感清脆。

3 瀝乾
汆燙過的綠豆芽放入冷水中浸洗，再以篩網撈起瀝乾。

4 調味
將瀝乾的綠豆芽放入盆中，放入鰹魚露、芝麻鹽與香油拌勻。

雙味馬蹄菜

TIME　　20 分鐘

YIELD　　2 人份

INGREDIENTS
★主材料
馬蹄菜 2 把（200g）
粗鹽 少許
★醬油調味材料
純醬油 0.5 匙
香油 1 匙
芝麻鹽 1 小匙
★辣椒醬調味材料
味噌醬 1 匙
辣椒醬 0.5 匙
香油 1 匙
芝麻鹽 0.5 小匙

TIP
若不喜歡野菜類的微苦味，可將
少許豆腐壓碎後拌入，不僅增添
口感層次，也與野菜類的香氣相
當搭配，又不增加身體負擔。

— H·o·w —T·o— M·a·k·e —

余燙的湯鍋應放入充
足的水量，才能快速
進行余燙，減少營養
成分的破壞，葉菜也
不會明顯變色

1 余燙
將馬蹄菜輕搓洗淨，在
滾水中加少許粗鹽，放
入馬蹄菜余燙約2～3分
鐘。

2 處理食材
馬蹄菜的梗部變軟後撈
起，以冷水浸洗約2～3
次，瀝乾後切成適口大
小。

3 製作調味料
根據上述分量，個別調
製醬油調味料以及辣椒
醬調味料。

4 拌勻
將處理好的馬蹄菜分為
兩份，各自加入醬油調
味料及辣椒醬調味料後
輕輕拌勻。

涼拌蕨菜、涼拌櫛瓜、涼拌蘿蔔葉

將乾燥的蔬果類製成涼拌菜，在古早沒有冷藏設施的年代，象徵著祖先們珍惜食物與順應自然的絕妙智慧。本書中介紹的各種涼拌菜，部分使用新鮮葉菜，也有一些使用菜乾製成，甚至是必須要使用菜乾製作，才有道地的美味與養生效果。例如新鮮的蕨菜反而具有強毒，必須燙熟後乾燥使用；櫛瓜經過乾燥過程，變得脆硬後下鍋熱炒，口感清爽美味；蘿蔔葉乾燥後，維生素D的含量會增多。

TIME 30分鐘

YIELD 2人份

INGREDIENTS

★主材料
蕨菜乾（泡水過） 100g
櫛瓜（果乾狀）50g
蘿蔔葉乾（泡水過） 100g
芝麻鹽 少許

★調味材料
純醬油 2匙
蔥花 1匙
蒜末 0.3匙
香油 0.3匙
芝麻鹽 0.3匙

TIP

僵硬的蕨菜乾應事先泡水3～4小時，再以滾水煮20～30分鐘，撈起後以冷水浸洗2～3次，除去蕨菜特有的苦澀味，若有太硬的部分可直接切除。

—H·o·w—T·o—M·a·k·e—

櫛瓜乾可以不用浸泡太久

1 清洗蕨菜乾
將蕨菜乾放入水中浸洗，撈起後瀝乾。

2 切段
將蕨菜切成長約5cm的段狀。

3 處理櫛瓜乾
將櫛瓜乾以清水洗淨，稍加浸泡後撈起、瀝乾並調味。

4 處理蘿蔔葉乾
切除葉乾上過硬的部分，再切成長約5cm的條狀。

用手輕輕翻動拌勻，使每根菜葉都能沾上調味

5 調味
將準備好的三種食材，各自與調味材料混合拌勻。

6 拌炒
平底鍋預熱並放入香油，將三種食材各別下鍋熱炒，再放入3杯清水，蓋上鍋蓋燜煮至全熟，盛盤後撒上芝麻鹽。

味噌涼拌薺菜

TIME	15 分鐘
YIELD	2 人份

INGREDIENTS

★主材料
薺菜 3 把（150g）
紅辣椒 ¼ 根
粗鹽 少許

★調味材料
味噌醬 1 匙
米酒 0.3 匙
芝麻鹽 1 匙
香油 1 匙

TIP
市面也有販售完全洗淨的精緻薺菜，但大部分的情況都是根部挾有泥沙。將水接在盆中，放入薺菜輕輕搖晃浸洗，才能有效除去髒污，也不傷害葉子。

H·o·w T·o M·a·k·e

若梗部太粗可切半後氽燙，長度過長則應氽燙後再切成適當尺寸

1 清洗薺菜
除去薺菜的根部與枯葉後，放入水量充足的盆中，輕輕搖晃浸洗。

2 氽燙
在滾水中放入少許鹽，氽燙薺菜約3～4分鐘，使梗部變軟可食，撈起後以冷水沖洗瀝乾。

3 製作調味料
將紅辣椒切成細絲狀，調味材料依據分量全數混合。

4 調味
將燙好的薺菜和調味醬放入盆中拌勻，最後再加入紅辣椒絲。

酸辣涼拌薺菜

TIME 15 分鐘

YIELD 2 人份

INGREDIENTS
★主材料
薺菜 2 把（100g）
鹽 少許
★調味材料
辣椒醬 1.5 匙
醋 1 匙
糖 0.5 ～ 1 匙
芝麻鹽 0.3 匙

TIP
超市裡賣的精緻商品，都經過初步清洗，可直接使用烹調，相當方便，但也因此吸收過多濕氣，容易腐壞。從超市買回來的薺菜，應汆燙、冷卻後冷藏保存。

─ H-o-w—T-o—M-a-k-e ─

沾黏在根部的泥沙務必清洗乾淨

若汆燙時間過短，根部會因為沒熟而強韌難咬，應加熱至根部變軟可食

1 清洗薺菜
將薺菜身上的髒污與異物洗淨。

2 汆燙
在滾水中加入少許鹽，放入薺菜汆燙，撈起後再以冷水浸洗、瀝乾，冷卻後切成適當的長度。

3 製作調味料
將調味材料全數混合。

4 調味
將薺菜與調味料一起放入盆中輕輕攪勻。

薺菜蘋果拌麵

TIME	25 分鐘
YIELD	2 人份

INGREDIENTS

★主材料
細麵 150g
粗鹽 少許
薺菜 1 把（約 50g）
鹽、香油 少許
櫛瓜 ½ 根
食用油 適量
蘋果 ½ 顆
★細麵調味材料
醬油 2 匙
糖 1 匙
香油 1 匙
鹽、黑白芝麻 少許

TIP
麵條分成常見的細麵、寬麵、拉麵等，韓式涼拌麵適合接近麵線狀的細麵條，湯麵則適合寬麵或拉麵。

─H·o·w─T·o─M·a·k·e─

1 汆燙麵條
在滾水中加少許粗鹽，放入細麵汆燙，水再次沸騰後再加入 1 杯冷水，第三度沸騰時撈起，以冷水沖洗瀝乾。

2 處理薺菜
將薺菜清洗乾淨，在滾水中加入少許粗鹽，放入薺菜汆燙約 3～4 分鐘，梗部變軟後撈起，以冷水浸洗後瀝乾，再切成適口大小，接著拌入鹽巴和香油調味。

3 準備櫛瓜和蘋果
將櫛瓜切成細條狀，平底鍋預熱後加入食用油，以大火快炒櫛瓜絲約 2 分鐘，變軟後拌入鹽調味。蘋果洗淨後不用削皮，直接切成寬度規律的條狀。

4 混合食材
根據上述分量，將調味材料與瀝乾的細麵一起混合，接著再加入薺菜、櫛瓜絲、蘋果絲拌勻。

單花韭拌生黃瓜

TIME　　20 分鐘

YIELD　　2 人份

INGREDIENTS

★主材料
單花韭 ½ 把（約 50g）
小黃瓜 1 根
粗鹽 少許

★調味材料
辣椒醬 1 匙
辣椒粉 1 匙
醋 1.5 匙
糖 1 匙
芝麻鹽 少許

TIP

春天盛產的野菜類具有獨特的香氣，避免添加蔥、蒜調味料，可保持迷人的風味而不被影響。單花韭的香氣本來就獨樹一幟，僅以基本佐料提味即可。

—H-o-w—T-o—M-a-k-e—

單花韭屬於纖韌的野菜，倘若放入調味料後攪拌過久，容易斷裂變瘀，同時產生不好的腥味。建議先將小黃瓜與調味料拌勻，再放入單花韭比較好！

1 處理單花韭

將單花韭洗淨瀝乾，再切成適合食用的長度。

2 處理小黃瓜

先將小黃瓜剖半，斜切成片狀後撒上少許鹽，靜置約10分鐘，再輕輕瀝去鹽漬產生的水分。

3 製作調味醬

依據上述分量混合調味材料。

4 調味

將小黃瓜與調味醬混合均勻，再拌入單花韭調味。

涼拌生桔梗

TIME 15 分鐘
YIELD 2人份

INGREDIENTS

★主材料
桔梗 100g
粗鹽 少許

★調味材料
辣椒粉 1 匙
辣椒醬 0.3 匙
糖 1 匙
水飴 1.5 匙
芝麻鹽 0.3 匙

TIP

桔梗也適合與魷魚乾、鱈魚乾或
者汆燙過的花枝一起做成涼拌
菜。

─H·o─T·o─M·a·k·e─

若選購整支桔
梗,應去皮、切
成細絲,經過鹽
漬步驟後使用

桔梗過度浸泡會失
去風味及口感,沖
洗後應馬上瀝乾

1 處理桔梗
將桔梗切成細條狀,撒
上粗鹽用手摩擦搓勻,
再靜置10分鐘。

2 清洗瀝乾
鹽漬過的桔梗以冷水沖
洗一遍,再用篩網瀝
乾。

3 製作調味醬
根據上述分量混合所有
調味材料。

4 調味
將桔梗絲與調味醬輕輕
拌勻。

涼拌沙蔘

TIME	15分鐘
YIELD	2人份

INGREDIENTS

★主材料
沙蔘（去皮）100g
粗鹽 少許
★鹽漬材料
水 ½ 杯
粗鹽 0.3 匙
★調味材料
辣椒粉 1 匙
糖 0.5 匙
醋 1 匙
白芝麻 0.5 匙

TIP
新鮮的沙蔘具有黏稠的特性，可
戴上拋棄式手套剝去外皮。另外
也可以將表面的泥沙洗淨，直接
用削水果的方式削去外皮。

─H-o-w─T-o─M-a-k-e─

事先以木棒敲打，
可使硬的纖維分
解，使料理過程更
加簡便，口感也變
得較軟嫩

1 處理沙蔘
準備好去皮的沙蔘，剖
半後放在砧板，用木棒
輕輕敲打。

2 鹽漬
將½杯水和少許粗鹽混
合，放入敲過的沙蔘靜
置約10分鐘，瀝去水分
後根據沙蔘的紋路撕成
小條狀。

3 拌入辣椒粉
將處理好的沙蔘放入盆
中，撒上辣椒粉輕輕拌
勻。

4 調味
辣椒粉上色入味後，加
進糖、醋、白芝麻拌
勻，最後以粗鹽調味。

醬炒茄子

TIME   15 分鐘

YIELD   2 人份

INGREDIENTS
茄子 1 根
洋蔥 ¼ 顆
食用油 適量
豆瓣醬 1 匙
蠔油 0.5 匙
胡椒粉、白胡椒 少許

TIP
茄子非常容易吸油，鍋中應放入
足量的油避免燒焦。若不想使用
太多油，可事先將茄子與油拌勻
後再下鍋。

―H·o·w―T·o―M·a·k·e―

1 處理食材
將茄子切成長約5公分、
約與手掌同寬的段狀，
洋蔥切成適當的條狀。

2 拌炒
平底鍋預熱後放入適量
食用油，以大火快炒茄
子約3分鐘，再放入洋蔥
拌勻。

3 調味
茄子與洋蔥均熟到一定
程度後，放入豆瓣醬與
蠔油翻炒，醬料與食材
完全融合後，再撒上胡
椒粉與白芝麻。

醬燉茄子

TIME 20 分鐘

YIELD 2 人份

INGREDIENTS

★主材料
茄子 1 根
青辣椒、紅辣椒 少許
太白粉 2 匙
食用油 3 匙
★調味材料
水 ¼ 杯
醬油 2 匙
豆瓣醬 0.3 匙
米酒 1 匙
糖 0.3 匙

TIP
油分在茄子料理中相當重要，可
使口感變得軟嫩滑順。

— H-o-w —T-o— M-a-k-e —

若茄子分量較多，
可將茄子和太白粉
一起放入密封袋中
搖晃，可增加包覆
的均勻度和免黏性

1 處理食材
利用刨刀削去茄子外
皮，再切成適口大小，
綠辣椒和紅辣椒斜切成
薄片。

2 裹上太白粉
將切好的茄子均勻裹上
太白粉。

3 油煎
以食用油預熱平底鍋，
再放入茄子煎至表面金
黃微焦。

4 燉煮
依照上述分量將調味材
料放入鍋中加熱，開始
冒泡沸騰後放入茄子、
青辣椒與紅辣椒，以大
火燉煮約3分鐘。

紫蘇牛蒡湯

這道向先師學習時令料理期間最先習得的料理，逢人就想與對方分享。不僅能展現牛蒡最原始的美味，使人了解菇類與蔬菜互相搭配的平衡，平凡的紫蘇油與紫蘇粉也是如此心滿意足。秉持「食即藥」的精神，這道紫蘇牛蒡湯正是心中最值得推薦的健康養生食。

TIME 　　30分鐘

YIELD 　　4人份

INGREDIENTS

★主材料

牛蒡 1根（約150g）
豆腐（1.5cm厚）2片
香菇 4朵
蘑菇 4朵

水芹 ½根
青辣椒 ½根
紫蘇油 1匙
水 6杯
紫蘇粉 ½杯
鹽、胡椒粉 少許

替代食材

香菇▶蝦

TIP

放入小湯圓、年糕或麵疙瘩等，與帶有黏性的湯頭相當搭配，立刻搖身一變為豐盛的主餐料理！

─ H-o-w─T-o─M-a-k-e ────────────────

1 處理牛蒡

以刀背將牛蒡的外皮刮除，再切成適當的塊狀。

2 準備材料

豆腐瀝乾後切成適口大小，香菇浸泡冷水約3分鐘，再切成適當的塊狀。

3 食材切法

蘑菇也切成類似的大小，水芹則切成長約2cm的段狀，青辣椒剖半後斜切成菱形薄片。

4 滾煮

將紫蘇油放入湯鍋中預熱，以小火輕輕翻炒牛蒡與香菇，半熟後倒入1杯水，沸騰後轉為中火，湯頭漸漸轉成乳白色後再加入5杯水，以大火加熱。

5 放入紫蘇粉

牛蒡煮熟變軟後放入蘑菇、豆腐和紫蘇粉拌勻，再持續以大火滾煮約3分鐘。

6 調味

拌入鹽和胡椒粉調味，最後撒上水芹與綠辣椒。

牛蒡涼拌菜

TIME 15分鐘

YIELD 2人份

INGREDIENTS
★主材料
牛蒡1根（約150g）
紅蘿蔔30g
青椒⅙個
★調味材料
昆布高湯¼杯
醬油2匙
糖、米酒 各1匙
★芝麻醬材料
芝麻鹽2匙
醋1匙
糖0.5匙
鹽 少許
美乃滋3匙

TIP
將浸泡過冷水的昆布放入鍋中滾
煮約3分鐘，關火後撈起昆布放
涼，即為用途廣泛的昆布高湯。

— H-o-w —T-o— M-a-k-e ——————

1 處理食材
將牛蒡去皮、切成長約
4cm的細條狀，紅蘿蔔
及青椒也切成類似的尺
寸。

2 燉煮
將調味材料加進鍋中，
放入牛蒡一起加熱。開
始冒泡沸騰後轉小火並
蓋上鍋蓋燉煮約5～6分
鐘進行收汁，放入紅蘿
蔔再煮約2分鐘。

3 製作芝麻醬
先將芝麻鹽和醋混合，
再加入糖、鹽、美乃滋
攪拌均勻。

4 調味
將煮好的牛蒡、紅蘿蔔
與青椒、芝麻醬一起拌
勻。

醬燉牛蒡

TIME　　20 分鐘

YIELD　　2 人份

INGREDIENTS
★主材料
牛蒡 1 根（約 150g）
紫蘇油 2 匙
白芝麻 少許
★調味材料
醬油 2 匙
水飴 1 匙
糖 0.5 匙
水 ¼ 杯匙

TIP
尚未使用或剩餘的牛蒡，可以用
廚房紙巾或報紙捲起，放入密封
袋中保存。

How—To—Make

1 牛蒡去皮
將牛蒡清洗乾淨，以刀
背或刨刀削皮。

2 切片
將牛蒡斜切成菱形薄片
狀。

3 拌炒
熱鍋後倒進紫蘇油，再
放入牛蒡以小火翻炒約5
分鐘。

4 燉煮
直接在鍋中加入調味材
料，持續燉煮約10分
鐘，牛蒡變熟軟化後盛
入碗中，最後撒上白芝
麻。

醬燉蓮藕

TIME 20 分鐘

YIELD 2 人份

INGREDIENTS
蓮藕 150g
紫蘇油 1.5 匙
糖 1.5 匙
米酒 3 匙
醬油 2.5 匙
乾辣椒 1 根
水 ¼ 杯
芝麻鹽 少許

TIP
秋天當季的蓮藕水分充足、脆口
香甜。萬一不是當季蓮藕，外表
很難辨別內部的新鮮度，可以輕
輕用手測試，觸感較硬者為佳。

—H-o-w—T-o—M-a-k-e—

切成薄片會使澱粉釋放較多而變得黏稠，可迅速浸入水中或沖洗一次後立即瀝乾。

1 處理蓮藕
削去蓮藕外皮並清洗乾
淨，先從橫向剖半再直
接成薄片，快速用水沖
洗一遍後瀝乾。

2 拌炒
鍋子預熱後倒進紫蘇
油，放入蓮藕以大火熱
炒約2分鐘。

3 燉煮
放入糖、米酒、醬油、
乾辣椒與¼杯的水一起加
熱，沸騰後轉為中火持
續燉煮約10分鐘，最後
撒上白芝麻。

牛肉菇鍋

TIME 30 分鐘

YIELD 4 人份

INGREDIENTS

★主材料
牛肉絲 100g
秀珍菇 1 把（約 100g）
香菇 4 朵
杏鮑菇 2 個
金針菇 1 把
白菜 2 片
水芹 1 根
大蔥 1 根
鹽、胡椒粉 少許
水 4～5 杯
★牛肉調味材料
醬油 0.5 匙
蔥末 1 匙
蒜末 0.3 匙
胡椒粉 少許
★湯底調味材料
辣椒粉 2 匙
純醬油 2 匙
蒜末 1 匙
米酒 0.5 匙

——H·o·w——T·o——M·a·k·e——

浸泡香菇的水僅需淹過香菇即可，撈起香菇後剩餘的水用於湯底，可更顯鮮蔬的甘甜

為了方便直接用鍋上桌後雙邊都能食用，可將所有食材平鋪在鍋子的兩側

1 調味牛肉
依據上述分量將牛肉調味材料與肉絲混合，拌勻後靜置約5分鐘。

2 處理菇類
秀珍菇用手輕撕成小株，香菇浸泡冷水後瀝乾，再切成細條狀，杏鮑菇切成厚度規律的片狀，金針菇切除底部。

3 處理蔬菜
白菜切成較寬的條狀，水芹洗淨後切成適口的長度，大蔥也切成適當的條狀。

4 調味
將材料鋪在鍋中，放入清水與湯底調味材料，以小火慢慢加熱至沸騰，持續燉煮約10分鐘，同時將表面的泡沫撈除，收乾後加入食鹽調味。

醬燉杏鮑菇

TIME 　　20 分鐘

YIELD 　　2 人份

INGREDIENTS

★主材料
杏鮑菇 3～4 個
青龍椒 5 根
昆布（5X5cm）1 片
★調味材料
水 ¼ 杯
醬油 14 匙
水飴 1 匙
糖 0.3 匙
乾辣椒 1 根

TIP

醬燉料理完全冷卻後再冷藏，大
約可保存 10 天。若單次儲存的
分量太多，因杏鮑菇自然出水而
味道變淡，可另外燉煮醬汁，冷
卻後加入拌勻。

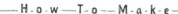
― H-o-w ―T-o― M-a-k-e ―

使用昆布替代鯷魚
或蝦子，也能呈現
鮮甜的基底風味

菇類的醬燉料理可
在完成後立即享用

1 **處理杏鮑菇**
將杏鮑菇切成適口大
小。

2 **處理青龍椒**
將青龍椒洗淨並拔除蒂
頭，再切成適口的長
度。

3 **製作醬汁**
將調味材料全數放入鍋
中拌勻，再放入昆布一
起熬煮。

4 **燉煮**
醬汁開始沸騰翻滾後，
放入切好的杏鮑菇熬煮
約2～3分鐘，再放入青
龍椒稍微再煮到入味即
可。

涼拌秀珍菇

TIME 20 分鐘

YIELD 2 人份

INGREDIENTS
秀珍菇 1 把 (約 100g)
粗鹽 少許
青辣椒 少許
紅辣椒 少許
香油、芝麻鹽 少許

─ H·o·w─T·o─M·a·k·e ─

比起整顆撒上的芝麻粒,涼拌菜更適合均勻研磨過的芝麻製品。

1 處理秀珍菇
用手輕輕將秀珍菇撕成小株,在滾水中放入少許粗鹽,氽燙秀珍菇約1分鐘,撈起後以冷水沖洗一次再瀝乾。

2 處理辣椒
將青辣椒與紅辣椒切半,再斜切成細條狀。

3 以鹽調味
氽燙過的秀珍菇拌入鹽調味,再與青辣椒、紅辣椒混合。

4 調味拌勻
放入香油與芝麻鹽拌勻。

涼拌櫛瓜

TIME 10 分鐘

YIELD 2 人份

INGREDIENTS
櫛瓜 ½ 根
食用油 1 匙
蝦醬 0.5 匙
蔥末 0.5 匙
蒜末 0.3 匙
辣椒絲、香油 少許
芝麻鹽 少許

替代食材
辣椒絲▶紅辣椒、乾辣椒
蝦醬▶鹽

TIP
若櫛瓜中心沒有籽，可以直接剖
半、切片後拌炒，但若籽太多，
應先挖除中心部分，再切成半圓
形或條狀使用。

―H-o-w―T-o―M-a-k-e―

若要大量一起拌
炒，應先加入適量
食鹽拌勻後靜置一
會兒，可幫助櫛瓜
均勻受熱變熟

蝦醬不僅要使用湯
汁，也要舀取罐中
的醃料

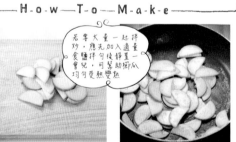

1 處理櫛瓜
將櫛瓜橫向剖半，再切
成厚約0.2cm的半圓形薄
片。

2 拌炒
鍋子預熱後倒進食用
油，放入切好的櫛瓜，
以大火翻炒約2分鐘。

3 加入蝦醬
轉為中火並放入蝦醬調
味，再持續翻炒約2分
鐘。

4 拌入調味料
放入蔥末及蒜末，稍微
拌炒再加進辣椒絲、香
油拌勻，盛盤後撒上芝
麻鹽。

甜南瓜泥

TIME 30 分鐘

YIELD 4 人份

INGREDIENTS
中國南瓜 1 顆
水 4 杯
糯米粉 1 杯
糖 2 ～ 3 匙
精鹽 少許

替代食材
中國南瓜 1 顆 ▶ 西洋南瓜 ¼ 顆

TIP
選購中國南瓜時，應選擇重量較輕者，內部才會比重量較重者熟成、香甜。

How To Make

1 處理南瓜
消除南瓜外皮與中間的籽，再切成適當的薄片狀。

要煮到南瓜完全變軟分解喔

2 熬煮
將南瓜片與4杯水放入鍋中一起以大火加熱，沸騰後轉為中火，持續熬煮約15～20分鐘。

3 拌入糯米粉
南瓜完全熟透後，以木製扁杓大略壓碎，放入糯米粉後邊攪拌邊煮約5分鐘。

以甜味為主的料理不建議放入過多鹽分及調味，才能適當突顯食材的甘甜鮮味

4 調味
在濃稠綿密的南瓜泥中拌入糖和鹽調味。

蘿蔔葉乾味噌湯

TIME　　30 分鐘

YIELD　　2 人份

INGREDIENTS
泡過水的蘿蔔葉乾 100g
味噌醬 3 匙
鯷魚粉 1 匙
蒜末 少許
水 5 杯
青辣椒、紅辣椒 少許
大蔥 少許
紫蘇粉 3 匙

替代食材
鯷魚粉▶昆布粉、蝦粉

TIP
將乾燥的蘿蔔葉浸泡熱水，放入鍋中充分滾煮約 30 分鐘，關火後直接靜置放涼，梗部完全軟化就可瀝乾使用。若沒有變軟，則需再次加熱滾煮。

— H·o·w —T·o— M·a·k·e —

可選購古法釀製的傳統韓式味噌，具有深層的香氣

紫蘇粉過度加熱會喪失風味，應在最後添加

1 蘿蔔葉調味
蘿蔔葉乾洗淨、瀝乾後，切成適口的長度，再放入味噌醬、鯷魚粉、蒜末混合拌勻。

2 熬煮
將調味好的蘿蔔葉乾放入鍋中，倒進5杯水加熱煮滾。

3 處理香辛料
將大蔥、青辣椒、紅辣椒斜切成薄片。

4 調味
待蘿蔔葉乾完全煮軟，放入切好的大蔥、青辣椒、紅辣椒，重新沸騰後放入紫蘇粉，再稍微煮一會兒即可。

蘿蔔葉飯

TIME 30 分鐘

YIELD 2 人份

INGREDIENTS

★主材料
泡過水的蘿蔔葉乾 100g
純醬油 1 匙
紫蘇油 2 匙
泡過水的米 1½ 杯
水 1½ 杯

★調味材料
醬油 2 匙
青辣椒 1 匙
細蔥 1 根
黑芝麻 0.3 匙
辣椒粉 少許

TIP
將乾燥的蘿蔔葉浸泡熱水，放入
鍋中充分滾煮約 30 分鐘，關火
後直接靜置放涼，梗部完全軟化
就可瀝乾使用。若沒有變軟，則
需再次加熱滾煮。

How To Make

1 處理蘿蔔葉乾
將浸泡完成的蘿蔔葉乾
放入冷水中浸洗 3～4
次，瀝乾後切成長約5cm
的段狀。

2 調味
將切好的蘿蔔葉乾、純
醬油與紫蘇油拌勻。

3 煮飯
將泡過水的米放入鍋
中，均勻鋪上調味過的
蘿蔔葉乾，倒進1又½杯
的水。先以大火加熱至
沸騰，再轉為中火煮6～
7分鐘，最後轉為小火燜
煮約5分鐘。

4 製作調味醬
將調味材料全數混合，
與煮好的蘿蔔葉飯搭配
享用。

冬莧菜湯麵

TIME	30 分鐘
YIELD	2 人份

INGREDIENTS

★主材料
細麵 50g
粗鹽 少許
冬莧菜 200g
乾蝦米 2 匙
青辣椒 1 根
大蔥 ½ 根
水 8 杯
精鹽 少許

★調味材料
辣椒醬 2 匙
味噌醬 1 匙
紫蘇油 1 匙
蒜末 0.5 匙
鯷魚粉 1 匙

H-o-w—T-o—M-a-k-e

持續滾煮至冬莧菜的葉片及梗都軟化適合入口

1 汆燙麵條

在滾水中加進少許粗鹽,放入細麵並重新沸騰後,加入1杯冷水繼續加熱。反覆約2~3次將細麵煮熟,撈起後以冷水浸洗、瀝乾備用。

2 處理食材與調味料

將乾蝦米放在篩網上搖晃以除去異物,青辣椒與大蔥斜切成菱形薄片,並將調味材料全數混合。

3 處理冬莧菜

將梗部折斷並往一側拉開,撕除薄膜般的透明表皮,分成葉子與梗兩部分。將葉子部分放入大碗中,撒上適量粗鹽,以手輕輕均勻摩擦,消除葉菜類的土腥味,再以冷水沖洗數次。

4 烹煮

在鍋中放入8杯清水,加熱沸騰後加進調味料與乾蝦米,再次沸騰後放入冬莧菜,以大火滾煮約5分鐘,再轉為中火煮約10分鐘。接著以精鹽調味,放入切好的青辣椒和大蔥。

莙蓬菜湯

TIME 　　30 分鐘

YIELD 　　2 人份

INGREDIENTS
莙蓬菜 200g
乾蝦子 8 隻
味噌醬 3 匙
大蔥 ¼ 根
蒜末 1 匙
精鹽 少許

─H─o─w─T─o─M─a─k─e─

莙蓬菜須以中火燉
煮 10～15 分鐘才會
變成適口的軟度喔

1 處理莙蓬菜
將莙蓬菜的梗折斷並往
一側拉開,撕掉薄膜般
的纖維質,洗淨後切成
適口大小。

2 處理食材
將乾蝦子放在篩網上搖
晃以清除異物,大蔥直
切成蔥花狀。

3 烹煮
將4杯水和味噌醬放入鍋
中,味噌醬完全拌勻沒
有結塊後放入乾蝦子,
以大火滾煮約5分鐘。

4 調味
上一步驟的蝦湯完成後
放入莙蓬菜,持續燉煮
至莙蓬菜軟化,再放入
大蔥及蒜末拌勻,最後
以鹽調味。

白菜味噌湯

TIME　　25 分鐘

YIELD　　2 人份

INGREDIENTS
大白菜葉 200g
大蔥 ¼ 根
味噌醬 3 匙
辣椒醬 0.5 匙
香油 1 匙
水 4 杯
昆布（10X10cm）1 片
鹽 少許

替代食材
大白菜▶春白菜、小白菜

TIP
使用於湯類的韓式味噌醬，可選
用自家釀造或傳統市場販售的古
法製品，較具有濃郁的香氣。

─ H-o-w ─T-o─ M-a-k-e ────────── ⸰

春天時可選用當
季的春白菜或小
白菜唷

▌ 處理食材
將白菜葉清洗乾淨，用
刀尖輕輕劃切成適合食
用的片狀，大蔥斜切成
薄片狀。

▋ 製作調味醬
將味噌醬、辣椒醬與香
油放入碗中拌勻。

▋ 烹煮湯底
在鍋中放入4杯水與昆
布，以大火滾煮約3分鐘
後，倒進上一步驟的調
味醬仔細拌勻。

▋ 煮白菜
放入切好的大白菜葉，
沸騰後轉為中火煮約10
分鐘，使白菜葉變軟。
接著放入大蔥再煮一會
兒，最後以鹽調味。

時蔬味噌鍋

TIME 20 分鐘

YIELD 2 人份

INGREDIENTS

豆腐（鍋物用）¼ 盒
馬鈴薯 1 顆
櫛瓜 ¼ 根
青辣椒 2 根
青陽椒 1 根
水 2 杯
味噌醬 3 匙
鯷魚粉 0.5 匙
辣椒粉 0.3 匙
精鹽 少許

替代食材

鯷魚粉 0.5 ▶ 鯷魚昆布高湯 2 杯

TIP

先將鯷魚的頭部與內臟清除，與
昆布一起放入鍋中滾煮，製成鯷
魚昆布高湯。剩餘的高湯可放入
密封袋中，平放於冰箱冷凍保存。

—H·o·w—T·o—M·a·k·e—

中售的鯷魚粉相當
方便快速，也可自
行熬煮鯷魚昆布高
湯加入

1 處理食材
豆腐切成適合一口食用
的方塊狀，馬鈴薯和櫛
瓜剖半後切成較厚的片
狀，青辣椒與青陽椒切
成較大的碎末。

2 烹煮湯底
在鍋中放入2杯水，加熱
沸騰後放進味噌醬和鯷
魚粉仔細拌勻。

3 放入食材
放進馬鈴薯加熱至冒泡
沸騰，持續約5分鐘使馬
鈴薯變熟後，放入切好
的櫛瓜與豆腐，再以大
火熬煮約5分鐘。

4 調味
加入青辣椒、青陽椒、
蒜末、辣椒粉再稍微拌
煮一會兒，最後以鹽調
味。

蔬菜番茄義大利麵

義大利麵條有非常多種，這裡使用最常見的圓直麵。以前為了確認麵條的熟度，還曾經把煮過的麵條丟往牆壁；但最近的口味逐漸改變，覺得會黏在牆壁上的麵條過熟，應該要減少滾煮的時間。除了麵條種類，調味與配料的選用更是不勝枚舉，依照個人喜好創造一道連義大利都沒有的新口味也無妨。

TIME 30分鐘

YIELD 2人份

INGREDIENTS

★主材料
義大利麵條 160g
蘑菇 4朵
青花菜 ¼把
大蒜 2瓣
培根 2片
橄欖 4顆

乾辣椒 1根
白酒 2匙
橄欖油 適量
鹽、胡椒粉 少許
巴西里粉 少許

★番茄紅醬材料
洋蔥 ¼顆
橄欖油 3匙
番茄(罐頭) 1罐
蒜末 1匙
糖 0.3匙

鹽、胡椒 少許

替代食材
培根▶火腿、海鮮、雞肉
乾辣椒▶東南亞產辣椒

TIP
新鮮的番茄容易發生甜度較低、酸味較強的意外,製作義大利麵紅醬時,建議使用內含整顆番茄的罐頭商品。將顆粒狀的番茄取出並大略壓碎,加上調味料製成紅醬,可廣泛利用於義大利麵或披薩料理。

How To Make

> 1公斤的水加入1匙鹽(一般湯匙),撈起的麵條不用再以冷水沖洗喔

1 汆燙麵條
在滾水中放入適量粗鹽,沸騰後放進義大利麵條滾煮約8分鐘,以篩網撈起後直接靜置瀝乾。

2 製作番茄紅醬
將洋蔥切成碎末,平底鍋以橄欖油預熱後,與蒜末一同用小火翻炒約3分鐘。罐頭中的顆粒番茄大略壓碎後放入鍋中並以大火加熱。沸騰後轉為中火煮約10分鐘,接著放入糖、鹽和胡椒粉。

3 處理食材
蘑菇直切成適當的片狀,青花菜以滾水汆燙後切成適口大小,大蒜切成薄片,培根切成適口小塊,橄欖也直切成圓形片狀,乾辣椒則切成較大的碎末。

4 製作辣油
在鍋中加進橄欖油預熱後,放入切好的蒜片與辣椒末,以中火慢炒約2分鐘並小心避免燒焦。

5 調味紅醬
大蒜與辣椒散發出香氣後,加進蘑菇、培根拌勻,再加入白酒滾煮1分鐘,接著放入番茄紅醬持續加熱,以扁杓攪拌約3分鐘,再放入青花菜與橄欖再煮1分鐘。

6 拌入麵條
放入瀝乾的義大利麵條充分攪拌,盛盤後撒上適量巴西里粉。

> 放入番茄紅醬燉煮而變得濃稠時,可少量加入汆燙麵條的水以調整濃度

蔬菜咖哩飯

TIME　25 分鐘

YIELD　2 人份

INGREDIENTS

馬鈴薯 ½ 顆

紅蘿蔔 ½ 根

洋蔥 ¼ 顆

櫛瓜 ¼ 根

蘋果 ¼ 顆

食用油 適量

水 2 杯

咖哩粉 4 匙

飯 2 碗

替代食材

蘋果▶鳳梨

── H-o-w─T-o─M-a-k-e ──

也可以放入青椒、胡椒、青花菜等個人喜愛的蔬菜喔

先以食用油熱炒蔬菜，才能帶出蔬菜的鮮甜滋味

1 處理食材

馬鈴薯、紅蘿蔔、洋蔥和櫛瓜各自切成相似的小塊狀，蘋果削皮後也切成相仿的大小。

2 熱炒

熱鍋後放入食用油，以大火翻炒馬鈴薯、紅蘿蔔與洋蔥約2分鐘。

3 滾煮

倒進2杯水再以大火煮約5分鐘。

4 放入咖哩

馬鈴薯熟到一定程度後，放入咖哩粉、櫛瓜與蘋果，咖哩醬湯開始沸騰後轉為中火，持續滾煮約5分鐘後起鍋，搭配溫熱的米飯享用。

蔬菜粥

TIME 30 分鐘

YIELD 2 人份

INGREDIENTS
米 ½ 杯
櫛瓜 ¼ 根
紅蘿蔔（長約 1cm）1 塊
香菇 2 朵
洋蔥 ¼ 顆
香油 1 匙
水 4 匙
昆布（5X5cm）1 片
精鹽 少許
芝麻鹽 1 匙
海苔酥 少許

TIP
粥品適合以厚底的鍋子或砂鍋小
火慢燉，也建議以木杓取代一般
不鏽鋼湯匙。

—H-o-w—T-o—M-a-k-e—

燉煮約 15 分鐘後，
米粒就會逐漸分解
散開

1 處理食材
將白米洗淨，泡水約 20
分鐘後瀝乾，櫛瓜、紅
蘿蔔、香菇及洋蔥各自
洗淨後切成碎末。

2 熱炒
將鍋子預熱，倒進香油
與泡過水的米，以中火
翻炒約 2 分鐘，米粒變
得透明後放入切好的櫛
瓜、紅蘿蔔、香菇與洋
蔥，再攪拌大約 1 分鐘。

3 煮粥
接著加入 4 杯水與昆布一
起加熱，重新沸騰後轉
為中火熬煮，不時攪拌
以防底部沾鍋燒焦，持
續約 10 分鐘，使米粒逐
漸軟爛分解。

若熬煮時水分太
少，可適量加入熱
水調整濃稠度

4 調味
將昆布撈起並以鹽調
味，盛入碗中撒上芝麻
鹽與海苔酥。

蔬菜米紙卷

TIME 25 分鐘

YIELD 2 人份

INGREDIENTS

★主材料

越南米線 50g

雞胸肉 1 塊

精鹽 少許

鮮蝦仁 ½ 杯

紅蘿蔔 ¼ 根

小黃瓜 ½ 根

芝麻葉 5 片

鳳梨片 2 片

越南米紙 ¼ 包

★魚露醬材料

鯷魚露 1.5 匙

糖 1 匙

鳳梨汁（罐頭湯汁）3 匙

洋蔥末 1 匙

青辣椒末、紅辣椒末 各 0.5 匙

替代食材

鯷魚露 ▶ 魚露

鳳梨 ▶ 奇異果、蘋果

— H-o-w —T-o— M-a-k-e —

可依照喜好添加各種水果或蔬果喔

部分米紙商品需浸泡冷水，請詳閱包裝說明

1 汆燙米線

將米線浸泡冷水約5分鐘，放入滾水中汆燙2～3分鐘，再以冷水浸洗冷卻後瀝乾。

2 製作魚露醬

將魚露醬材料全數混勻。

3 準備材料

在滾水中加進少許精鹽，放入雞胸肉滾煮約10分鐘，撈起後撕成細絲。鮮蝦仁以滾水汆燙約3分鐘後撈起、瀝乾。紅蘿蔔、小黃瓜、芝麻葉切成細條狀，鳳梨切成適口的小塊。

4 以米紙捲起

將米紙放入溫水中浸泡約30秒，軟化後立即撈起攤平，鋪上準備好的各種食材，適當捲起後疊放於盤中，再搭配魚露醬享用。

雞肉綜合串烤

TIME 25 分鐘

YIELD 2 人份

INGREDIENTS
★主材料
雞胸肉 2 塊
大蔥 1 根
毛鱗魚 4 隻
鹽、胡椒粉 少許
大蒜 4 瓣
銀杏 6 顆
食用油 適量
★雞胸肉調味材料
醬油 2 匙
米酒 1 匙
水飴 1 匙
★大蒜、銀杏調味材料
精鹽 少許
食用油 適量

TIP
因銀杏有外皮，可先在鍋中放入
食用油，以小火翻炒約 2 分鐘，
讓外皮因受熱而稍微脫離後起
鍋，用廚房紙巾摩擦即可順利除
去。

—·H·o·w —·T·o —·M·a·k·e —

1 處理食材
雞胸肉切成適口大小，
根據上述分量加入調味
材料拌勻，靜置10分鐘
入味。大蔥切成適合的
小段狀，再與雞胸肉交
錯串在竹籤上。

2 處理毛鱗魚
將毛鱗魚清洗乾淨，以
廚房紙巾擦乾後，撒上
適量鹽和胡椒粉。

3 準備大蒜與銀杏串
先將大蒜與銀杏加入適
量調味材料拌勻，再交
錯串在竹籤上。

4 煎烤
將準備好的三種串物以
平底鍋或烤網加熱，使
兩面呈現微焦的金黃
色。

煎烤雞肉串前可以
先刷上步驟1剩餘
的雞肉調味醬喔

97

里肌鮮蔬沙拉

TIME 25 分鐘

YIELD 2 人份

INGREDIENTS

★主材料
豬肉（里肌）100g
粗鹽 少許
小黃瓜 ¼ 根
紅蘿蔔（長約 3cm）1 塊
青花菜 ¼ 把

★芝麻醬材料
花生醬 1.5 匙
水 1 匙
芝麻鹽、醋 各 3 匙
糖 0.5 匙
鹽、醬油 各 0.3 匙

TIP
雖然芝麻醬可用食物調理機製
作，但分量較少時，調理機難以
均勻打碎。可直接將芝麻放在小
碗中磨碎使用。

H·o·w—T·o—M·a·k·e

在水中放入蒜、薑及黑
胡椒粗一起滾煮，可消
除豬肉的腥味。沙拉用
的豬肉不建議切厚，才
能展現柔軟的口感。

1 汆燙豬肉
準備沒有油花的豬里肌
肉，放進水中滾煮約15
分鐘，撈起冷卻後切成
薄片。

2 準備蔬菜
將小黃瓜切成長約4cm的
段狀，再橫切成4等份。
紅蘿蔔以1cm的厚度橫切
成3等份。水煮滾後加進
少許粗鹽，放入切成小朵
的青花菜汆燙後瀝乾。

3 製作芝麻醬
將花生醬與水仔細拌
匀，再加入其他芝麻醬
材料一起混合。

4 擺盤
將切好的豬肉片與蔬菜
食材鋪在盤中，與芝麻
醬搭配享用。

田園沙拉

TIME 10 分鐘

YIELD 2 人份

INGREDIENTS
★主材料
沙拉用生菜 50g
橘黃色甜椒 ½ 顆
杏仁果片 1 匙
★優格醬材料
原味優格 ½ 杯
芥末籽醬 0.5 匙
檸檬汁 1 匙
糖 1 匙
精鹽 少許

替代食材
杏仁果片▶胡桃、花生、腰果等
堅果類

TIP
若蔬菜沒有完全瀝乾,拌入醬料
後會因為水分而稀釋無味。

── H·o·w ─ T·o ─ M·a·k·e ──

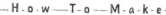

除了橘黃色甜
椒,其他顏色的
甜椒也可以喔

也可以送進預熱至
200℃的烤箱中加熱
3分鐘

1 準備蔬菜
將個人喜歡的沙拉生菜
以清水沖洗乾淨,瀝乾
後用手剝成適合食用的
尺寸。橘黃色甜椒切成
適當的細條狀。

2 熱炒杏仁果
平底鍋預熱後無須放
油,直接放入杏仁果
片,以小火乾炒2～3分
鐘。

3 製作優格醬
將優格醬材料全數混
合。

4 擺盤
將準備好的沙拉生菜、
甜椒與堅果類漂亮地舖
在盤中,搭配優格醬享
用。

海鮮沙拉

TIME	20 分鐘
YIELD	2 人份

INGREDIENTS

★主材料

鮮蝦 4 隻

花枝 ½ 隻

蛤蜊 8 顆

鹽 少許

橄欖油 2 匙

白酒 ¼ 杯

沙拉生菜 50g

洋蔥 ¼ 顆

橄欖 2 顆

★油醋醬材料

醋 1 匙

糖 1 匙

橄欖油 2 匙

檸檬汁 1 匙

鹽 少許

巴西里碎末 0.5 匙

胡椒粉 少許

替代食材

橄欖油▶葡萄籽油

白酒▶米酒

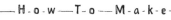

—H-o-w—T-o—M-a-k-e—

加熱過度反而會使海鮮口感變老失去美味喔

西生菜可先將梗剝下，用微溫的水重複清洗 2～3 次，這樣彎曲的溝槽處也能洗得很乾淨

預先拌好的佐料容易因靜置而分離，最好享用前再製作

1 處理海鮮

剝除蝦子外殼，以牙籤挑除背部的腸泥。花枝劃刀後切成適合食用的小塊狀，帶殼的蛤蜊放入淡鹽水中吐沙。

2 燜熟海鮮

在鍋中倒進橄欖油預熱，加入準備好的海鮮拌炒，再倒入 2 杯白酒並蓋上鍋蓋燜煮約 2 分鐘。

3 準備蔬菜

將個人喜歡的生菜以清水沖淨、瀝乾，洋蔥切成細條狀，橄欖切半。

4 製作油醋醬

混合油醋醬材料，將準備好的海鮮、生菜、洋蔥及橄欖盛盤後，搭配油醋醬享用。

雞胸肉沙拉

TIME　　15 分鐘

YIELD　　2 人份

INGREDIENTS

★主材料

雞胸肉 100g

沙拉生菜 50g

蔓越莓 20g

★美乃滋醬材料

洋蔥 ¼ 顆

鳳梨片 1 塊

美乃滋 3 匙

醋 2 匙

糖 0.5 匙

牛奶 2 匙

替代食材

蔓越莓▶葡萄乾、藍莓、李子乾

TIP

以鮮果製作的佐料僅可保存約
3 ～ 4 日，以單次少量製作為佳。

─ H·o·w ─ T·o ─ M·a·k·e ─

若選購主雞胸肉，可
撒上適量鹽和胡椒粉
調味並以烤箱烘烤，
或者放入鹽水中汆燙
煮熟

可以用奇異果、柳
橙、草莓等水果替
代鳳梨，做出風味
多樣的佐料！

1 準備雞胸肉

將雞胸肉撕成適合食用
的條狀。

2 準備沙拉生菜

將個人喜愛的生菜以流動
的水沖淨後完全瀝乾。

3 製作鮮果美乃滋醬

將洋蔥切成塊狀，與其
他材料一起放入食物調
理機中打碎混勻。

4 盛盤

將準備好的生菜、雞胸
肉與蔓越莓漂亮地鋪在
盤中，搭配鮮果美乃滋
醬享用。

Chapter 2

海鮮及魚料理
53道

　　海鮮及魚類最好選用當季盛產的品種，以品嚐其真實美味。除了一整年都有收穫的鯖魚，其他如魷魚、長蛸、短蛸、章魚、蝦、蟹與蛤蜊類，通常會跟隨季節更迭而變換。

　　許多有經驗的人，都會先走進水產市場，確認當天販售的新鮮海產食材，再決定要製作何種料理。黃花魚、白帶魚、土魠魚、明太魚、石斑魚等，都是煎烤或煮鍋的極佳食材。要用來煎烤或醬燉的鯖魚應妥善處理後冷凍保存，黃花魚則是在初步處理後，稍微乾燥再冷凍。牡蠣應以鹽水輕輕浸洗後，根據需求分裝成小包裝冷凍，方便每次烹煮時使用。蝦子可將 4～5 隻各別包裝冷凍，煮湯或鍋物時取一份使用，輕鬆省略熬煮高湯的步驟。

　　魚類若用微波爐急速解凍，會產生嚴重的腥味，應事先從冷凍移至冷藏，慢慢退冰再使用。冷凍保存前已用水清洗過的食材，解凍後以不再清洗為佳。

醬燉蘿蔔鯖魚

TIME 30 分鐘

YIELD 2 人份

INGREDIENTS

★主材料
鯖魚 1 隻
白蘿蔔（長 5cm）1 塊
洋蔥 ½ 顆
青辣椒 ½ 根
紅辣椒 ½ 根
大蔥 1 根
水 1½ 杯
★調味材料
醬油 2 匙
辣椒粉 2 匙
純醬油 1 匙
米酒 1 匙
糖 0.3 匙
蒜末 1 匙
胡椒粉 少許

─H·o·w─T·o─M·a·k·e─

1 準備鯖魚
挑選新鮮的鯖魚，清除內臟並以流動的清水沖洗，再斜切成塊狀。

2 準備蔬菜
將白蘿蔔切成厚約1cm的塊狀，洋蔥切成較粗的條狀，青辣椒、紅辣椒及大蔥斜切成菱形片狀。

3 煮魚
將白蘿蔔鋪在鍋底，放上鯖魚和1又½杯的水，先另行將調味材料全數混合再放入鍋內，蓋上鍋蓋以大火加熱，沸騰後轉為中火，持續滾煮約10分鐘。

4 醬燉
湯汁逐漸變得濃稠且白蘿蔔煮熟後，放入洋蔥並轉為中火，重複舀起鍋中湯汁再淋上，如此燉煮約5分鐘，接著放入切好的青辣椒、紅辣椒、大蔥，再稍微燉煮約2分鐘。

香煎鯖魚

TIME 　　　20 分鐘

YIELD 　　　2 人份

INGREDIENTS
鯖魚 1 隻
粗鹽 0.3 匙
食用油 2 匙

TIP
由市場或超市買來的煎烤用鯖魚，若已經過初步處理與抹鹽，應以清水輕輕沖洗，再用廚房紙巾吸乾水分再烹調。多餘的鯖魚可在密封容器中鋪一層廚房紙巾，放入鯖魚後冷藏保存，或者完全去除水分後冷凍。

How To Make

若下鍋煎烤時鯖魚身上的水分太多，容易產生魚腥味，此時可以撒上大量胡椒粉，或者淋上生薑汁、米酒來去腥

可擠上新鮮檸檬汁，或者將醬油與山葵泥混合後搭配享用

1　準備鯖魚
先將鯖魚橫向剖半並清除內臟，再直切變成 4 片，以流動的清水洗淨，再以廚房紙巾吸乾。

2　劃刀
將處理好的鯖魚身上劃出斜斜的切痕。

3　調味
均勻撒上適量粗鹽並靜置約5分鐘。

4　煎熟
平底鍋預熱後倒入食用油，將鯖魚以表皮朝下的方式鋪在鍋中，以大火加熱約3分鐘，翻面後再煎3分鐘，接著轉為小火慢煎約5分鐘，使魚肉表面呈現微焦的金黃色。

醬燉秋刀魚

TIME 25 分鐘

YIELD 2 人份

INGREDIENTS

★主材料
秋刀魚 2 隻
鹽 少許
太白粉 適量
食用油 適量
檸檬、蔥絲 少許

調味材料
水 ¼ 杯
醬油 2 匙
米酒 1 匙
糖 0.5 匙

─How─To─Make─

記得要重複舀起、淋上鍋中的醬汁，以便魚肉均勻入味

1 準備秋刀魚
切除秋刀魚的頭、尾，以刀尖刮除鱗片與內臟，以流動的水沖洗乾淨後切塊。撒上適量食鹽靜置約30分鐘，仔細吸乾水分後均勻裹上太白粉。

2 煎魚
在鍋中淋上少許食用油，將切好的秋刀魚煎至表面微焦金黃。

3 醬燉
將調味材料加入鍋中，加熱至冒泡滾起後放入秋刀魚，持續以大火燉煮約5分鐘。

4 盛盤
將燉好的秋刀魚放入盤中，搭配適量的檸檬片與蔥絲。

魷魚蘿蔔湯

TIME 25 分鐘

YIELD 2 人份

INGREDIENTS
魷魚 1 隻
白蘿蔔（長 5cm）1 塊
綠辣椒 ⅓ 根
紅辣椒 ⅓ 根
大蔥 ¼ 根
香油 1 匙
水 3 杯
純醬油 1 匙
蒜末 1 匙
鹽、胡椒粉 少許

替代食材
純醬油 ▶ 鹽

TIP
新鮮魷魚的表皮外膜應完全無破損，
透出深褐色光澤並富有彈性。若要冷
凍保存，記得先將內臟清除才能保持
新鮮度。

How-To-Make

先劃出刀痕讓
魷魚能夠迅速均
勻地煮熟

1 準備魷魚
將魷魚的內臟與外皮清
除，在身體內側割出淺
刀痕，再切成適合食用
的塊狀。

2 處理蔬菜
白蘿蔔切成適口大小的
小塊狀，綠辣椒、紅辣
椒及大蔥斜切成菱形薄
片。

3 烹煮
在鍋中放入香油與白蘿
蔔，翻炒約2分鐘後倒進
3杯水，持續加熱至沸騰
後放入魷魚，轉為中火
滾煮約10分鐘。

以純醬油調味，可
以讓湯汁更清香甘
甜喔

4 調味
白蘿蔔煮熟後，放入純
醬油、綠辣椒、紅辣椒
與大蔥，煮約2分鐘後加
進蒜末、鹽及胡椒粉，
再稍微煮入味即可。

豆芽魷魚鍋

TIME　　30 分鐘

YIELD　　2 人份

INGREDIENTS
★主材料
魷魚 1 隻
黃豆芽 100g
白蘿蔔（長 3cm）1 塊
豆腐（鍋物用）1 盒
綠辣椒 1 根
紅辣椒 ½ 根
大蔥 ¼ 根
水 3 杯
★調味材料
辣椒粉 2 匙
辣椒醬 1 匙
純醬油 0.5 匙
蒜末 0.5 匙
米酒 1 匙
鹽 少許

替代食材
白蘿蔔▶泡菜

TIP
使用海鮮烹煮的鍋物，本身就具
有上乘風味，無須另外準備高湯。
可以將昆布剪成小塊，製作鍋物
時放一片進去，就能立即展現令
人回味無窮的鮮甜。

— H-o-w—T-o—M-a-k-e —

> 在魷魚身上劃刀，主
> 要目的是加速且均勻
> 煮熟，其次是外觀
> 造型。用刀尖以畫線
> 的方式輕輕劃過即可。

1 準備魷魚
清除魷魚內臟，於身體
內側割出刀痕，再切成
適合食用的小塊狀。

2 準備食材
將黃豆芽輕輕搓洗乾
淨，白蘿蔔切成適當的
厚片，豆腐切成方塊，
綠辣椒、紅辣椒、大蔥
斜切成菱形片狀。

3 烹煮
在鍋中放入3杯水加熱，
沸騰後加進調味材料拌
勻。

4 調味
放入白蘿蔔以大火煮約5
分鐘，再放入魷魚、黃
豆芽煮5分鐘。接著放入
豆腐、綠辣椒、紅辣椒
及大蔥，再煮一會兒後
以鹽調味。

小黃瓜涼拌魷魚

TIME 25 分鐘

YIELD 2 人份

INGREDIENTS

★主材料
魷魚 1 隻
小黃瓜 ½ 根
洋蔥 ¼ 顆

★調味材料
蒜末 1 匙
醬油 0.5 匙
醋 3 匙
梅汁 2 匙
糖 1 匙
香油 0.5 匙
鹽 少許

替代食材

魷魚▶短蛸、長蛸、章魚

H-o-w—T-o—M-a-k-e

汆燙時間
約2分鐘

1 準備魷魚

除去魷魚表皮並割出刀痕，切成細條狀後放入滾水稍微汆燙，再用篩網撈起放涼。

2 處理蔬菜

將小黃瓜橫向剖半，如果籽比較多要先挖除，再斜切成薄片狀，放入冷水浸泡約5分鐘後瀝乾。洋蔥切成細絲狀，同樣浸入冷水後撈起瀝乾。

3 製作調味料

將調味材料全數混勻。

4 拌勻

將魷魚、小黃瓜、洋蔥放入大碗，放入調味料輕輕拌勻。

辣蘿蔔涼拌魷魚

TIME　　30分鐘

YIELD　　2人份

INGREDIENTS
魷魚 1 隻
白蘿蔔（長 5cm）1 塊
綠辣椒 ½ 根
紅辣椒 ½ 根
大蔥 ¼ 根
紫蘇油 少許
辣椒粉 1.5 匙
純醬油 1 匙
水 適量
米酒 0.5 匙
蒜末 0.5 匙
鹽、胡椒粉 少許

TIP
倘若為了提升辣度多放辣椒粉，會使調味醬變得太稠，建議可放入青陽椒或乾辣椒一起燉煮，可保持適當的濃淡，又能調整喜愛的辣度。

H-o-w—T-o—M-a-k-e

1 處理魷魚
清除魷魚的內臟並脫去外皮，在身體內側割出刀痕後切成適口大小。

2 處理蔬菜
白蘿蔔切成厚約1cm的適口塊狀，將綠辣椒、紅辣椒和大蔥斜切成菱形薄片。

白蘿蔔切成與魷魚相似的尺寸

3 煮蘿蔔
將紫蘇油和蘿蔔以大火翻炒約5分鐘，加入足以淹沒白蘿蔔的水，再加進辣椒粉和純醬油，持續燉煮約10分鐘使白蘿蔔變得鬆軟。

4 燉煮
放入魷魚、米酒、蒜末燉煮約5分鐘，等白蘿蔔煮得更熟軟之後，加入切好的綠辣椒、紅辣椒和大蔥，拌勻後撒上鹽和胡椒粉調味。

涼拌魷魚絲

TIME 10分鐘

YIELD 2人份

INGREDIENTS

★主材料
韭菜 ½ 把
魷魚絲 50g
白芝麻 少許

★調味材料
醬油 1 匙
辣椒粉 1.5 匙
辣椒醬 1 匙
水飴 2 匙
米酒 1 匙
香油 少許

TIP
若放在密閉容器中冷藏，大約可保存一個星期。

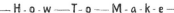 —H-o-w—T-o—M-a-k-e—

避免一開始就放入韭菜，否則會變得濕軟不好吃

如果選購到較硬的魷魚絲，可撕得更細或者浸泡溫水2～3分鐘，再撈起後瀝乾使用

1 處理食材
將韭菜輕輕搓洗再切成適當長度，魷魚絲也切成適合食用的尺寸。

2 製作調味醬
將調味材料全數混合。

3 調味
將魷魚絲放入盆中，淋上調味醬拌勻，接著再加進韭菜輕輕拌入，最後撒上白芝麻。

蛤蜊章魚湯

TIME 30 分鐘
YIELD 2 人份

INGREDIENTS

長蛸（一種章魚類）2 隻
粗鹽 少許
環文蛤 1 包
綠辣椒 ½ 根
紅辣椒 ½ 根
大蔥 ½ 根
香油 少許
水 3 杯
蒜末 0.3 匙
精鹽 少許

替代食材

長蛸 ▶ 章魚、魷魚

TIP

以長蛸為主食材的湯，適合加入
各式各樣的蛤蜊和嫩白菜。長蛸
煮太久會變得硬韌難嚼，應在所
有食材準備好之後再下鍋，稍微
煮一下即可。

— H-o-w —T-o— M-a-k-e —

> 將文蛤浸泡浸泡鹽水
> 並蓋上蓋子，避免
> 光線透入，讓它自
> 然進行吐沙

1 處理長蛸
將長蛸的頭部翻成反面
並拔除墨袋，撒上粗鹽
用手摩擦搓洗至起泡，
用水洗淨後切成長5cm的
段狀。

2 文蛤吐沙
將環文蛤浸泡於淡鹽水
中約20分鐘進行吐沙。

3 加熱
鍋子預熱後加進香油，
放入長蛸與文蛤翻炒約1
分鐘，再倒進3杯水並蓋
上鍋蓋，以大火滾煮約5
分鐘。

4 調味
文蛤煮熟開啟後，放入
綠辣椒、紅辣椒、大蔥
和蒜末，再以精鹽調
味。

辣炒章魚蓋飯

TIME 25 分鐘

YIELD 2 人份

INGREDIENTS

★主材料

長蛸 1 隻
洋蔥 ½ 顆
高麗菜葉 2 片
綠辣椒 ½ 根
紅辣椒 ½ 根
大蔥 ½ 根
食用油 適量
太白粉水 少許
香油、芝麻鹽 少許
飯 2 碗

★調味材料

醬油 1 匙
辣椒醬 1 匙
辣椒粉 2 匙
水飴 1 匙
糖 0.5 匙
蒜末 1 匙
胡椒粉 少許

How-To-Make

1 處理長蛸

將長蛸的頭部翻成反面
並拔除墨袋，撒上粗鹽
用手摩擦搓洗至起泡，
用水洗淨後切成長5cm的
段狀。

2 準備食材

洋蔥與高麗菜葉切成較
寬的條狀，綠辣椒、紅
辣椒和大蔥斜切成菱形
片狀。將調味材料全數
混成調味醬。

3 拌炒

以食用油熱鍋，放入洋
蔥、高麗菜葉，以大火
翻炒約2～3分鐘後盛
起。重新以食用油熱鍋
後放入長蛸熱炒約2分
鐘，倒進調味醬再炒1分
鐘，接著再加進剛才炒
好的洋蔥與高麗菜葉拌
勻。

4 調味

放入切好的綠辣椒、紅
辣椒及大蔥翻炒1分鐘，
蔬菜出水後加進少許太
白粉水，調整成適當的
濃稠度後撒上香油與芝
麻鹽，最後搭配溫熱的
白飯享用。

辣炒小章魚

TIME 　　25 分鐘

YIELD 　　2 人份

INGREDIENTS

★主材料

短蛸 8 隻

粗鹽 少許

洋蔥 ¼ 顆

大蔥 ¼ 根

綠辣椒 ½ 根

紅辣椒 ½ 根

芝麻葉 5 片

食用油 適量

芝麻鹽、香油 少許

★調味材料

辣椒醬 3 匙

辣椒粉 1 匙

糖 0.5 匙

水飴 0.5 匙

蒜末 1 匙

胡椒粉 少許

—H-o-w—T-o—M-a-k-e—

若提早將短蛸與調味
醬混合，易容變得太
毛，不但雞咀賣也失
去美味，應在下鍋拌
炒前再進行調味

短蛸也不適合加熱
過久，避免過於毛
硬而雞以下嚥

1 處理短蛸

清除短蛸的內臟，以粗鹽摩擦搓洗後，切成適當的塊狀。

2 準備配菜

將洋蔥、芝麻葉、大蔥等切成細條狀，綠辣椒與紅辣椒斜切成菱形薄片。

3 調味

將調味材料拌勻，再與短蛸混合調味。

4 拌炒

鍋子預熱後加進食用油，以大火翻炒洋蔥約3分鐘，再放入調味過的短蛸拌炒約3分鐘。接著放入切好的綠辣椒、紅辣椒與大蔥稍微攪拌，最後加入芝麻葉、芝麻鹽和香油拌勻。

香煎黃花魚

TIME 20 分鐘
YIELD 2 人份

INGREDIENTS
黃花魚 2 隻
粗鹽 0.3 匙
食用油 適量

TIP
在韓國，黃花魚在盛盤時，通常
會頭在左、尾在右，魚腹朝著人
的方向；但在祭祀桌上的擺放方
式則是完全相反。

──H·o·w──T·o──M·a·k·e──

若是在煎熟前過度
翻面，會使魚肉分
解散開，要等一面
完全熱透後再翻面

1 處理黃花魚
刮除黃花魚的魚鱗，將
筷子經由魚鰓伸入，將
內臟挖除。

2 割出刀痕
將處理好的黃花魚清洗
乾淨，以廚房紙巾擦
乾，再將正反兩面割出
淺刀痕。

3 調味
撒上適量粗鹽並靜置10
分鐘。

4 油煎
將平底鍋或烤網預熱，
加入適量食用油，再放
進黃花魚加熱6～7分
鐘，使雙面煎到呈現微
焦的金黃色。

韓式辣魚湯

TIME 30 分鐘

YIELD 2 人份

INGREDIENTS

★主材料
黃花魚 2 隻
花蛤 100g
櫛瓜 ¼ 根
綠辣椒 1 根
紅辣椒 1 根
大蔥 ½ 根
水 3 杯
茼蒿 1 把
鹽、胡椒粉 少許

★調味材料
辣椒醬 0.5 匙
辣椒粉 1.5 匙
純醬油 1 匙
米酒 1 匙
蒜末 2 匙
生薑末 少許

替代食材
茼蒿▶水芹

─H-o-w─T-o─M-a-k-e─

調味醬完成後靜置約
10分鐘再使用，可使
辣椒粉均勻溶解，防
止產生異味，整體色
澤更為光潤。

1 處理黃花魚
選購表面散發澄黃光
澤、身體緊實新鮮的黃
花魚，仔細刮去鱗片，
切掉魚鰭並清除內臟。

2 花蛤吐沙
將花蛤浸泡於淡鹽水中
約20分鐘進行吐沙。

3 準備食材
櫛瓜切成半圓片狀，綠
辣椒、紅辣椒、大蔥斜
切成菱形薄片。將調味
材料混合製成調味醬。

4 烹煮
鍋中煮3杯水沸騰後加調
味醬拌勻，再放入黃花
魚、花蛤、櫛瓜大火滾
煮5分鐘，轉中火再煮5分
鐘，加綠辣椒、紅辣椒、
大蔥並以鹽和胡椒粉調
味，鋪上茼蒿後關火。

螃蟹湯

TIME 30 分鐘

YIELD 2 人份

INGREDIENTS

螃蟹 2 隻（400～500g）
白蘿蔔（長 3cm）1 塊
櫛瓜 ¼ 根
洋蔥 ¼ 顆
綠辣椒 1 根
紅辣椒 ½ 根
蒜末 0.5 匙
辣椒粉 1 匙
味噌醬 2 匙
鹽、胡椒粉 少許

—H-o-w—T-o—M-a-k-e—

滾煮時用湯匙將不斷產生的泡沫撈掉，保持湯底清澈

1 處理螃蟹

用刷子輕輕刷洗螃蟹，剝開背部的外殼，再用剪刀剪成適當的塊狀。

2 準備配菜

將白蘿蔔切成長約3cm的小片，櫛瓜橫向剖半後切成半圓片狀，洋蔥切成較寬的條狀，綠辣椒、紅辣椒、大蔥斜切成菱形薄片。

3 烹煮

在鍋中放入4杯水加熱，沸騰後放入味噌醬，仔細攪拌至沒有結塊。將白蘿蔔放入沸騰的味噌醬湯中，再放入處理好的螃蟹。

4 調味

白蘿蔔煮熟而開始變透明時，放入洋蔥、櫛瓜、綠辣椒、紅辣椒、大蔥、辣椒粉及蒜末，滾煮一會兒再加鹽和胡椒粉調味。

醬螃蟹

TIME 30 分鐘

YIELD 3 人份

INGREDIENTS

★ 主材料
螃蟹 3 隻

★ 醬油調味材料
大蒜 2 瓣
生薑 ½ 根
乾辣椒 3 根
大蔥 1 根
水 1 杯
醬油 2 杯
米酒 ¼ 杯
水飴 2 匙
鹽 1 匙
胡椒粒 0.5 匙

TIP
建議醬螃蟹在製作完成後冷藏，
保存醃漬約 10 天後享用。

─ H·o·w ─T·o─ M·a·k·e ─

1 處理螃蟹
將整隻螃蟹用刷子輕輕
刷洗乾淨，再將水分瀝
乾。

2 準備辛香料
將大蒜與生薑切成薄
片，乾辣椒剖開去籽後
切成小塊，大蔥切成長
約3～4cm的段狀。

3 製作調味醬油
在鍋中放入1杯水、醬
油、米酒、水飴、鹽和
整顆的胡椒粒，仔細攪
拌後以中火煮約10分
鐘，起鍋後靜置冷卻。

4 調味
將螃蟹以背殼朝下的方式，平
均鋪放在密封容器中，放入蒜
片、薑片、乾辣椒、大蔥與整
顆的胡椒粒，再倒進煮好的調
味醬油，保存2～3日後取出，
重新加熱煮沸後靜置放涼，再
次冷藏保存一星期，再重複加
熱、冷卻的步驟，即可食用。

蝦仁蛋炒飯

TIME 15 分鐘

YIELD 2 人份

INGREDIENTS
雞蛋 2 顆
美乃滋 1 匙
精鹽 少許
食用油 適量
鮮蝦仁 ½ 杯
大蔥 1 根
飯 2 碗
鹽、胡椒粉 少許

替代食材
美乃滋 ▶ 牛奶

H-o-w—T-o—M-a-k-e

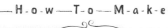

大膽地加入美乃滋吧！不但口感滑嫩也增添香氣喔

冷飯事先以微波爐加熱約1分鐘，熱騰騰的飯才能拌炒均勻喔

1 製作炒蛋
將雞蛋打散，放入美乃滋與精鹽拌勻。將鍋子預熱並倒進食用油，放入拌好的蛋液後以大火翻炒，製成炒蛋後盛起備用。

2 準備食材
將鮮蝦仁洗淨、瀝乾，大蔥直切成圓形蔥花。

3 拌炒
以食用油熱鍋，放入鮮蝦仁後翻炒約2分鐘，再加進白飯拌炒，接著以鹽和胡椒粉調味。

4 混合
最後再放入炒好的雞蛋與蔥花輕輕拌勻。

糖醋蝦球

TIME	30 分鐘
YIELD	2 人份

INGREDIENTS

★主材料
鮮蝦（中）20 隻
洋蔥 ¼ 顆
綠辣椒 ½ 根
紅辣椒 ½ 根
太白粉 ½ 杯
蛋液 ½ 顆
炸油 適量
蒜末 1 匙
蔥末 2 匙
★調味材料
番茄醬 4 匙
辣油 2 匙
糖 1 匙
水飴 1 匙
米酒 2 匙
醋 2 匙
豆瓣醬 1 匙

─ H·o·w─T·o─M·a·k·e ─

1 準備食材
以牙籤挑出蝦子背部的腸泥後剝殼，另外將洋蔥、綠辣椒、紅辣椒切成較大的碎末狀。

2 製作調味醬
將調味材料全數混合。

3 油炸
將太白粉與蛋液混勻製成炸衣，放入蝦仁均勻裹上，以事先預熱至170℃的油鍋中加熱約2分鐘。

4 拌炒
將平底鍋預熱並倒進食用油，加入蒜末、蔥末、切好的洋蔥、綠辣椒及紅辣椒爆香，放進調味醬以大火滾煮約2分鐘，最後將炸好的蝦仁一起拌勻。

辣味蘿蔔蝦米

TIME 20 分鐘

YIELD 2 人份

INGREDIENTS

★主材料
白蘿蔔 (長 5cm) 1 塊
大蔥 ¼ 根
水 1 杯
乾蝦米 3 匙

★調味材料
辣椒粉 1.5 匙
鰹魚露 3 匙
米酒 1.5 匙
水飴 1 匙

替代食材
鰹魚露▶純醬油、玉筋魚露

TIP
白蘿蔔假如保存方法錯誤,即使
經過烹煮也會因為太老而不美
味。若必須將白蘿蔔長時間存放,
應以報紙仔細包裹後放進塑膠袋
中冷藏。

How-To-Make

1 準備食材
將白蘿蔔切成厚約1cm的
適口塊狀,大蔥斜切成
菱形薄片。

2 製作調味醬
將調味材料全數混合。

3 燉煮
在鍋中放入1杯水和切好
的白蘿蔔,以大火滾煮
約5分鐘,白蘿蔔變軟後
放入乾蝦米。

4 調味
放入事先混好的調味
醬,以小火慢燉約10分
鐘入味,最後放入大蔥
再煮約1分鐘。

西班牙風味蝦

TIME 20 分鐘

YIELD 2 人份

INGREDIENTS
鮮蝦 8 隻
大蒜 4 瓣
黑橄欖 4 顆
乾辣椒 3 根
巴西里末 1 匙
鹽、胡椒粉 少許
長棍麵包 適量

替代食材
鮮蝦 ▶ 牡蠣

TIP
若選購冷凍蝦子，應選擇未煮熟的生蝦，而非已經轉為紅色的熟蝦。

── How─To─Make ──────

1 處理蝦子
將蝦子頭部與尾巴以外的部分去殼，以牙籤挑除背部的腸泥。

2 準備配料
將大蒜切成薄片，黑橄欖切半。

3 爆香
選用底部較厚的鍋子，預熱後放入足量的橄欖油，加進切好的乾辣椒與蒜片拌炒爆香約2分鐘。

4 燜燒
待鍋中開始散出香辣氣息，放入蝦子與黑橄欖，以鹽和胡椒粉調味並蓋上鍋蓋，大火燜燒約5分鐘，盛盤後撒上適量巴西里末，搭配切片長棍麵包享用。

辣醬白帶魚

TIME 30 分鐘

YIELD 2 人份

INGREDIENTS

★主材料
白帶魚 1 隻
白蘿蔔（長 4cm）1 塊
洋蔥 ¼ 顆

★調味材料
純醬油 2 匙
辣椒粉 2 匙
清酒 1 匙
蔥末 2 匙
蒜末 1 匙
生薑末 少許
胡椒粉、辣椒絲 少許

替代食材

白蘿蔔▶馬鈴薯

TIP

白帶魚應選購銀白色澤鮮明、肉質緊實且表皮未脫損者。生白帶魚可撒上適量食鹽靜置，再將水分拭乾。若是已經過抹鹽處理的商品，則可直接使用。

—H·o·w—T·o—M·a·k·e—

已經切塊的市售白帶魚，沖洗後應立即瀝乾使用。魚類浸在水中過久容易產生腥味。

１ 處理白帶魚

將白帶魚沖洗乾淨，剪去魚鰭並切成適當的段狀。

２ 準備配料

將白蘿蔔切成厚約1cm的塊狀，洋蔥切成較寬的條狀。

３ 製作調味醬

將調味材料放入盆中，仔細攪拌至沒有結塊。

４ 燉煮

將切好的蘿蔔鋪在鍋底，平均覆上白帶魚塊，再放入洋蔥與調味醬。蓋上鍋蓋以大火加熱，沸騰後轉為中火燉煮約10分鐘，再轉為小火，反覆舀取、淋上底部的湯汁，煮至入味。

123

白帶魚南瓜湯

TIME 30 分鐘

YIELD 2 人份

INGREDIENTS
白帶魚 (長 7cm) 3 ～ 4 塊
西洋南瓜 200g
小白菜 1 把
青陽椒 2 根
鯷魚高湯 4 杯
蒜末 1 匙
蝦醬 1 匙
精鹽 少許

替代食材
西洋南瓜▶中國南瓜
小白菜▶大白菜、春白菜

TIP
以蝦醬調味可讓湯頭變得爽口甘甜。使用以罐裝販售的蝦醬時，可將罐中的醃料與湯汁一起加入料理中。如果白菜與南瓜加得過多，會因甜味太高影響整體平衡，應搭配白帶魚分量斟酌用量。

— H-o-w — T-o — M-a-k-e —

鯷魚切除頭、內臟，放入水中滾煮約5分鐘後撈起，即為簡易的鯷魚高湯

重複沖洗反而容易產生腥味，建議以流動的水快速沖洗

也可放入辣椒粉

1 處理白帶魚
將白帶魚沖洗乾淨，再以廚房紙巾拭乾水分。

2 準備配料
南瓜切開後挖除南瓜籽，切成適當的大塊狀。小白菜也切成類似尺寸，青陽椒則直切成末。

3 滾煮
將鯷魚高湯倒入鍋中加熱至沸騰，放進南瓜和白帶魚滾煮約5分鐘。

4 調味
加進小白菜、青陽椒、蒜末一起加熱，小白菜煮熟後以蝦醬、鹽調味。

鮮魚豆腐湯

TIME　　30 分鐘

YIELD　　2 人份

INGREDIENTS

★主材料
石斑魚 1 隻
豆芽菜 200g
水芹 100g
大蔥 1 根
白蘿蔔（長 4cm）1 塊
豆腐（鍋物用）½ 盒
昆布（10X10cm）1 片
海鮮粉 1 匙
水 4 匙
鹽、胡椒粉 少許

★調味材料
陳年醬油 3 匙
醋 1 匙
米酒 1 匙
水 1 匙
山葵 少許

替代食材
海鮮粉 ▶ 市售鯷魚粉或市售海鮮粉

—H-o-w—T-o—M-a-k-e—

海鮮粉可用乾蝦米
及鯷魚，以食物調理
機打碎而成；或用現
成的市售商品替代

1 處理石斑魚
切除石斑魚的頭部與內臟，刮掉沾黏在腹部的黑色薄膜，再切成適當的塊狀。

2 準備配料
摘除豆芽菜的頭、尾，水芹及大蔥切成長5cm的段狀。豆腐切成適當的方塊，白蘿蔔也切成類似尺寸的片狀。

3 製作湯底
在鍋中放入4杯水、昆布與海鮮粉，以大火滾煮約5分鐘製成湯底。

4 燉煮
在湯底中放入白蘿蔔加熱，再加進豆芽菜、石斑魚塊及豆腐，大火滾煮約5分鐘。以鹽調味並待石斑魚煮熟，放入切好的水芹與大蔥再煮一會兒。最後將調味材料混合拌勻，搭配魚肉享用。

鱈魚湯

TIME	25 分鐘
YIELD	2 人份

INGREDIENTS

★主材料
鱈魚乾 1 把
白蘿蔔 (長 2cm) 1 塊
豆腐 (鍋物用小盒裝) ½ 盒
雞蛋 1 顆
大蔥 ¼ 根
水 3 杯
純醬油 0.5 匙
鹽、胡椒粉 少許

★鱈魚調味材料
蔥末 1 匙
蒜末 0.5 匙
香油 1 匙
鹽、胡椒粉 少許

TIP
剩餘的鱈魚乾若置於室溫，很容
易酸敗變質而產生惡臭，務必冷
藏或冷凍保存。

―H-o-w―T-o―M-a-k-e―

具有外皮的鱈魚乾，
應先除去外皮，再用
手撕或剪刀剪下需要
的分量。魚頭則適合
用於熬煮高湯

蛋花加熱過久會失
去滑嫩口感，與蛋
花拌勻後稍微拌煮
即可

1 處理鱈魚乾
將鱈魚乾稍微泡水後瀝
乾，取用所需的分量，
與調味材料一起混合拌
勻。

2 準備配料
將白蘿蔔切成適當的方
塊，豆腐也切成類似的
塊狀，雞蛋打散成為蛋
液，大蔥直切為圓形薄
片。

3 燉煮
將調味過的鱈魚乾放入
鍋中，以中火翻炒約2分
鐘，再放入白蘿蔔拌炒2
分鐘。接著加進3杯水，
加熱至沸騰後轉為中
火，持續燉煮約7分鐘。

4 調味
加入豆腐與純醬油滾煮
約2分鐘，倒進蛋液加熱
約1分鐘。最後以鹽和胡
椒粉調味，撒上蔥花再
煮一會兒。

醬煮黃鱈

TIME 25 分鐘

YIELD 2 人份

INGREDIENTS

★主材料
鱈魚乾 2 隻
大蔥 ¼ 根
辣椒絲 少許
香油 少許
水 1 杯

★調味材料
醬油 3 匙
糖 1 匙
米酒 1 匙
蒜末 1 匙
香油 1 匙
芝麻鹽 0.3 匙

TIP
鱈魚乾的頭部若不使用，可剪下後另外保存，用於熬煮高湯。

How—To—Make

先在表面劃下淺刀痕，可避免魚肉因為加熱而捲曲，也能使調味料更均勻入味

嗜辣者可依照喜好程度添加辣椒粉喔

1 處理鱈魚乾
將鱈魚乾的表皮部分朝下，泡水約5分鐘，使魚肉變軟後瀝除水分。用剪刀剪去魚鰭和尾鰭，在表皮的那一側割出刀痕，再切成三等份。

2 準備配料
大蔥切成細絲狀，辣椒絲也切成適當長度。另外將調味材料混合拌勻為調味醬。

3 下鍋
將 2～3 塊鱈魚乾，以表皮朝下的方向鋪在鍋底，根據順序均勻淋上調味醬、放進大蔥、辣椒絲，再重複擺放剩餘的鱈魚、調味醬及配料。

4 燉煮
放入1杯水，以中火加熱煮滾約5分鐘後，轉為小火燉煮約7～8分鐘，以湯匙反覆舀取、淋上鍋底的調味醬，並同時按壓鍋中的鱈魚肉避免因受熱而捲起。鱈魚肉軟化入味後關火起鍋，淋上適量香油以及鍋中剩餘的調味醬。

辣味明太魚

TIME 30 分鐘

YIELD 2 人份

INGREDIENTS

★主材料
半乾明太魚 2 隻
綠辣椒 1 根
紅辣椒 ½ 根
大蔥 ¼ 根
水 1 杯

★調味材料
醬油 3 匙
米酒 1 匙
糖 0.3 匙
水飴 0.5 匙
辣椒粉 0.5 匙
蒜末 0.5 匙
鹽、香油、白芝麻 少許

TIP
這裡選用的是已經除去內臟、洗淨後，經過短暫乾燥過程的半乾型魚乾。選購時應注意表皮要保有光澤，不具有刺鼻異味。

─H-o-w─T-o─M-a-k-e─

> 半乾燥的明太魚應在加熱時反覆淋上鍋中的醬汁，才能適當軟化魚肉避免直接碎裂

> 辛香配料主要利用鍋中的熱度燜熟，因此加入後僅需稍微煮一下子，才能保持香氣與顏色

1 處理食材
將明太魚以冷水洗淨後，剪去魚鰭並以廚房紙巾拭乾。綠辣椒、紅辣椒與大蔥皆斜切成菱形薄片。

2 加熱
在鍋中放入1杯水與明太魚，加熱沸騰後根據上述分量放入調味材料，仔細拌勻並持續燉煮入味。

3 燉煮入味
醬汁沸騰後轉為中火，持續燉煮約10分鐘，同時小心以湯匙撈除泡沫。

4 放入辛香料
醬汁逐漸收乾入味後，放入切好的綠辣椒、紅辣椒及大蔥，再煮2～3分鐘後關火。

韓式辣魚湯

TIME　　　30 分鐘

YIELD　　　4 人份

INGREDIENTS

★主材料

冷凍明太魚 1 隻

白蘿蔔（長 4cm 或 150g）1 塊

綠辣椒 1 根

紅辣椒 1 根

大蔥 1 根

茼蒿 少許

★調味材料

辣椒醬 1 匙

辣椒粉 1.5 匙

鰹魚露 1 匙

清酒 0.5 匙

蒜末 1 匙

生薑末 0.3 匙

精鹽、胡椒粉 少許

替代食材

鰹魚露 ▶ 純醬油

TIP

選用冷凍販售的明太魚，應完全解凍且妥善除去水分，以避免加熱後產生腥味，並保有紮實彈牙的口感。

H·o·w—T·o—M·a·k·e

1 處理明太魚

切除冷凍明太魚的頭部與內臟，清洗乾淨後切成 4～5cm 長的塊狀。以流動的清水沖洗，再用廚房紙巾拭乾水分。

2 準備配料

將白蘿蔔切成適當的方塊，綠辣椒、紅辣椒及大蔥斜切成菱形薄片。另外將調味材料全數混勻成調味醬。

3 燉煮

在鍋中放入 3 杯水加熱，沸騰後放入切好的白蘿蔔與調味醬，持續滾煮約 3～4 分鐘。

過程中記得要一直攪拌燉煮時產生的泡沫雜質。

4 調味

白蘿蔔加熱至半熟時，放入明太魚塊燉煮約 10 分鐘，加進切好的綠辣椒、紅辣椒及大蔥，再煮約 2～3 分鐘。配料與湯汁完全調和後以鹽調味，最後擺上茼蒿並關火。

青龍椒炒鯷魚

TIME 20 分鐘

YIELD 2 人份

INGREDIENTS

★主材料
青龍椒 1 把（約 50g）
小鯷魚乾（亦稱為海蜒）30g
食用油 適量
香油 少許
白芝麻、黑芝麻 少許
★調味材料
醬油 1.5 匙
糖 0.3 匙
水飴 0.5 匙
米酒 1 匙

How To Make

如此才能緩和成品
整體的鹹味，口感
也能保持清爽

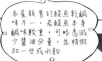

各家販售的鯷魚乾鹹
味不一，若鯷魚本身
鹹味較重，可略為減
少醬油分量，並稍微
加一些水飴

1 處理鯷魚
剔除小魚乾之間的異
物，使用篩網過濾細小
的碎屑。

2 準備青龍椒
將青龍椒清洗乾淨並切
除蒂頭，尺寸較大者可
從中切半。

3 拌炒
將平底鍋預熱後倒進食
用油，以大火翻炒鯷魚
乾約5分鐘，再放入青龍
椒拌炒約2分鐘。

4 調味
在鍋中放入所有調味材
料，充分拌勻並加熱煮
滾。接著放入炒過的鯷
魚乾及青龍椒，稍微燉
煮後淋上適量香油、黑
芝麻及白芝麻。

辣醬鯷魚

TIME 20 分鐘

YIELD 2 人份

INGREDIENTS

★ 主材料
小鯷魚乾 50g
杏仁果片 2 匙
香油、白芝麻 少許

★ 調味材料
辣椒醬 1 匙
水飴 0.3 匙
糖 0.3 匙
醬油 0.3 匙
米酒 1 匙
水 3 匙

TIP

鯷魚應選購銀白色澤均勻，鱗片未有受損剝落且具有鮮味香氣者為佳。經由乾燥過程而販售的鯷魚乾依然具有水分，應置於陰涼處風乾約一天，再依據需求分裝成數個小袋裝冷凍。若要使用於湯類料理，應清除內臟後冷凍。

市售的辣椒醬甜味較強且有光澤，可緩和鯷魚乾的鹹度。若使用傳統釀製的辣椒醬，鹹味較重而滑順度較差，應調整糖或水飴的分量

How To Make

1 乾炒鯷魚

鍋中無須放入油品，直接將鯷魚乾加熱翻炒至酥脆，藉此除去不好的腥味。

2 製作調味醬

將調味材料放入鍋中，混勻後加熱滾煮約2分鐘。

3 拌煮

調味醬稍微滾煮後，放入炒過的鯷魚乾拌煮約1分鐘。

4 調味

調味醬幾乎全部收乾入味後，放入香酥的杏仁果片翻炒約1分鐘，最後淋上適量香油與芝麻。

堅果鯷魚乾

TIME 15 分鐘

YIELD 2 人份

INGREDIENTS

★ 主材料

小鯷魚乾 50g
食用油 適量
杏仁果片 2 匙
松子 1 匙
芝麻 少許

★ 調味材料

醬油 1 匙
米酒 2 匙
水 2 匙
糖 0.3 匙
胡椒粉 少許

替代食材

杏仁果 ▶ 核桃、花生

TIP

以魚乾類為主要食材的小菜，根據需求每次少量製作，才能享受最新鮮、最佳的風味。但也因為分量較少而容易使調味醬燒焦，建議利用小型鍋子。

—H·o·w—T·o—M·a·k·e—

1 處理鯷魚乾

以篩網過濾鯷魚乾的碎屑並剔除異物。

2 熱炒

以食用油熱鍋後放入鯷魚乾，以中火翻炒約3分鐘後盛起備用。

3 烹煮調味醬

將調味材料放入鍋中拌勻，加熱約2分鐘。

4 調味

調味醬冒泡滾起後放入炒好的鯷魚乾、杏仁果片及松子，拌煮入味約1分鐘，盛入盤中並撒上適量芝麻。

醬烤 & 醬炒魩仔魚

TIME 　30 分鐘

YIELD 　2 人份

INGREDIENTS

★ 醬烤魩仔魚
魩仔魚乾 4 張
辣椒醬 2 匙
米酒 1 匙
水飴 1 匙
糖 0.3 匙
蒜末 0.3 匙
香油 1 匙

★ 醬炒魩仔魚
魩仔魚乾 2 張
青龍椒 6 根
秀珍菇 1 把
食用油 適量
芝麻 少許
醬油 2 匙
米酒 1 匙
水飴 0.5 匙

—H-o-w—T-o—M-a-k-e—

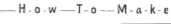

可依據喜好以
青椒或辣辣椒
取代青龍椒

若直接將調味醬烹
滾後放入魚乾拌
炒，魚乾會因為無
法迅速吸取調味而
顯得味道不足

調味醬過多容
易在乾烤時燒
焦，適量刷上
即可

刷上醬料的魚乾無
須一次全部烤好，
可在享用前再下鍋
加熱，才能展現香
酥脆口的效果

醬烤魩仔魚

醬炒魩仔魚

❶ 刷上調味醬

將調味材料混勻，將長
方形的整張魩仔魚乾雙
面刷上調味醬。

❷ 加熱

平底鍋加熱後倒進適量
食用油，將魩仔魚乾雙
面加熱至酥脆，再剪成
適合食用的塊狀。

❸ 準備食材

將整張的魩仔魚剪成適口
大小，青龍椒切除蒂頭並
斜切成菱形片狀，秀珍菇
切去根部並撕成適當的小
株。

❹ 拌炒

以食用油熱鍋，先將小塊魩
仔魚乾稍微翻炒消除腥味，
再放入青龍椒拌炒。小湯鍋
中放入醬油、米酒及水飴，
加熱滾起後放入炒好的魚
乾、青龍椒及秀珍菇，拌炒
約2分鐘後撒上少許芝麻。

豆腐海帶味噌湯

TIME 20 分鐘

YIELD 2 人份

INGREDIENTS
泡過水的海帶 ¼ 杯
豆腐（鍋物用）¼ 盒
細蔥 少許
水 3 杯
昆布（10X10cm）1 片
味噌醬 2 匙
蒜末 0.5
鹽、胡椒粉 各少許

替代食材
細蔥▶大蔥

TIP
乾燥的海帶泡水後，大約可膨脹
10 倍，若浸泡水中太久，會喪失
原有的香氣及風味。浸泡軟化的
海帶應瀝乾使用，剩餘的海帶放
入密封袋中冷凍保存。

─ H·o·w ─ T·o ─ M·a·k·e ─

1 準備食材
將浸泡軟化過的海帶瀝
乾並切成適當尺寸，豆
腐切成骰子般的小方塊
狀，細蔥直接切成圓形
薄片蔥花。

2 製作湯底
在鍋中放入3杯水與昆布
加熱，沸騰後持續滾煮
約2～3分鐘，將昆布撈
起後關火。

3 煮海帶湯
將韓式味噌醬放入昆布
湯底中拌勻加熱，沸騰
後放入海帶，以大火滾
煮約5分鐘。

4 調味
海帶煮熟變得軟嫩後，
放入豆腐滾煮約2分鐘，
接著加進蒜末再煮1分
鐘，關火盛入碗中，撒
上適量蔥花。

貝肉海帶湯

TIME 　　30 分鐘

YIELD 　　2 人份

INGREDIENTS

★ 主材料

泡過水的海帶 1 杯（乾海帶 20g）
北寄貝 1 個
鹽 少許
水 6 杯

★ 海帶調味材料

蒜末 0.5 匙
純醬油 1 匙
香油 少許

替代食材

純醬油▶鰻魚露、鰹魚露
北寄貝▶蛤蜊肉

TIP

煮湯時勿將水全部倒入，剛開始
使用較少水量，湯頭才能更加美
味。

───── H-o-w─T-o─M-a-k-e ─────

貝肉與海帶以小火
翻炒後加水煮滾，
湯底才會呈現混目
濃郁狀

1　準備海帶

將海帶洗淨、瀝乾，再
切成適合食用的長度。
根據上述分量將海帶調
味材料全數放入，輕輕
與海帶拌勻入味。

2　處理北寄貝肉

將北寄貝的肉仔細刮
下，放入淡鹽水中洗
淨，再切成適當的塊
狀。

3　拌炒

鍋子預熱後放入香油，
以中火翻炒切好的貝肉
約2分鐘，再放入海帶以
中火拌炒約3分鐘。

4　調味

直接在上一步驟的鍋中加
入2杯水，加熱至沸騰，再
放入剩餘的4杯水，持續再
熬煮15分鐘。湯頭呈現帶
有白色的混濁狀後以鹽調
味，再稍微拌煮約2分鐘。

牛肉海帶湯

韓國人無論春夏秋冬，生日當天的早晨都會享用一碗熱騰騰的海帶湯，這是因為媽媽生產後，每天三餐都必須以海帶湯作為月子補品。自己當媽媽後，才發現這碗慶祝生日的海帶湯，其實不是壽星要吃，而是應該獻給母親的感恩禮品。這樣看來，海帶湯似乎是與韓國人結下終身緣分的料理，也是一輩子也吃不膩的美食。牛肉海帶湯、蛤蜊海帶湯、鮮貝海帶湯、螃蟹海帶湯、鮪魚海帶湯……，每個人心中都有一道最難忘、最經典的家鄉味。

TIME 30分鐘

YIELD 2 人份

INGREDIENTS

★主材料
泡過水的海帶 1杯
牛肉（胸部或膝部） 100g
香油 1匙
純醬油 1匙
水 6 杯

鹽、胡椒粉 少許

★牛肉調味材料
純醬油 1匙
蔥末 2匙
蒜末 1匙
香油 1匙
胡椒粉 少許

TIP
海帶乾有長型及小塊型，已經裁剪過的小塊型可直接泡軟使用，長型則應用剪刀剪成適當塊狀再浸泡。牛胸及牛膝部位的肉適合煮湯，其他整塊的牛肉也可切成小段後調味。

⎯ H·o·w ⎯T·o⎯ M·a·k·e ⎯

乾燥的海帶泡水後，大約會膨脹10倍，使用時應仔細確認分量

拌入調味醬後最好靜置5分鐘，若時間不充裕，可反覆翻攪數次以加速牛肉入味

1 準備海帶
將泡水軟化後的海帶洗淨、瀝乾，再切成適合食用的長度。

2 牛肉調味
將牛肉調味材料全數混合，放入牛肉並用手輕輕拌勻。

3 熱炒
湯鍋預熱後倒進香油，放入調味好的牛肉以中火翻炒約2分鐘。

若已加入純醬油調味，可依狀況省略鹽的添加。滾煮過程中加入熱水，可加速燉煮的時間，也能減少魚類或肉類的腥味

4 炒入海帶
牛肉表面炒熟後放入海帶，再拌炒約2分鐘。

5 煮湯
在上一步驟的鍋中直接加入3杯水及純醬油，加熱沸騰後轉為中火，滾煮約5分鐘。

6 調味
湯頭產生鮮味後加入剩餘的3杯水，以大火加熱至沸騰後轉為中火，燉煮15分鐘，最後以鹽和胡椒粉調味。

小黃瓜海帶冷湯

TIME 20 分鐘

YIELD 2 人份

INGREDIENTS

★主材料
小黃瓜 ½ 根
泡過水的海帶 ¼ 杯

★海帶調味材料
純醬油 0.5 匙
辣椒粉 0.3 匙
蒜末 0.3 匙
芝麻鹽、香油 少許

★湯底材料
冷水 2 杯
純醬油 1 匙
糖 1 匙
醋 2 匙
鹽 0.3 匙

TIP
示範使用的小黃瓜是體型較長、
瓜肉顏色較白的品種。

—H-o-w—T-o—M-a-k-e—

若使用中間料較多
的品種，建議先剖
半並剷除部分黃瓜
料後切絲；本身料較
少者可直接斜切成
片狀再切絲。

1 準備小黃瓜

將小黃瓜連同表皮一起
切成細絲。

2 調味海帶

將泡過水的海帶放入滾
水中汆燙約2分鐘後撈起
瀝乾。將海帶調味材料
全數拌入，仔細拌勻並
靜置入味。

鹽的分量可
依喜好調整

3 製作湯底

將 2 杯冷水、純醬油、糖、
醋及鹽混合均勻。

4 調和

將調味過的海帶放入大
碗中，鋪上爽脆的黃瓜
絲，倒進上一步驟調好
的冷湯即完成。

文蛤湯

TIME 20 分鐘

YIELD 2 人份

INGREDIENTS
環文蛤 1 包（200g）
綠辣椒 ⅓ 根
紅辣椒 ⅓ 根
大蔥 ¼ 根
蒜末 0.3 匙
水 3 杯
鹽、胡椒粉 少許

TIP
以蛤蜊類為主食材的湯類，本身帶有蛤蜊的天然鹹味，也可能無須放食鹽即有滿分的美味。建議先以無鹽的方式烹煮，嚐試後若口味較淡，再依喜好添加適量食鹽。環文蛤也可用時令的花蛤、淡菜等其他蛤蜊類替代。

— H－o－w — T－o — M－a－k－e —

蛤蜊肉過度烹煮會變得太老，加熱至外殼開啟即可

鹽水的比例大約為1杯水搭配1匙鹽，浸泡時間約10分鐘

1 準備食材
將環文蛤浸泡淡鹽水進行吐沙。綠辣椒、紅辣椒、大蔥直切成圓形薄片。

2 煮文蛤
在鍋中放入3杯冷水與環文蛤，加熱沸騰後轉為中火，持續滾煮4～5分鐘至外殼掀開，同時以湯匙撈除水面的泡沫。

3 過濾湯底
文蛤的外殼完全開啟後，利用細篩網過濾蛤蜊湯，再重新倒回鍋中與蛤蜊一起加熱。

4 調味
蛤蜊湯再次沸騰後加入切好的綠辣椒、紅辣椒、大蔥、蒜末，最後以鹽和胡椒粉調味。

菠菜蛤蜊湯

TIME 20 分鐘

YIELD 2 人份

INGREDIENTS

★主材料
菠菜 ½ 把
粗鹽 少許
花蛤 100g
大蔥 ¼ 根

★湯底材料
水 3 杯
味噌醬 3 匙
蒜末 0.5 匙
精鹽 少許

替代食材
水▶洗米水

TIP
韓式味噌醬與花蛤、環文蛤、白蛤等食材相當對味,以沖洗過白米兩、三次後剩餘的洗米水替代清水,能使湯底更鮮香。

─ H-o-w ─ T-o ─ M-a-k-e ─

菠菜含有草酸成分,先以鹽水汆燙一次再進行烹煮比較好喔

味增湯的鹹度也可直接以味增醬調整

1 處理菠菜
切掉菠菜的根部、剝除枯黃的葉子,以清水洗淨後輕輕瀝乾。將水煮滾並加入少許鹽,汆燙菠菜約1分鐘,再迅速以冷水沖洗。

2 準備配料
將環文蛤浸泡淡鹽水進行吐沙約10分鐘,大蔥直切成圓形薄蔥花。

3 煮湯
在鍋中放入3杯水,加進韓式味噌醬拌勻,再放入環文蛤。以大火加熱約3分鐘,環文蛤外殼開啟後放入菠菜。

4 調味
轉為中火滾煮約6～7分鐘,放入切好的蔥花與蒜末,再繼續加熱約2分鐘,最後以鹽調味。

辣味涼拌血蚶

| TIME | 25 分鐘 |
| YIELD | 2 人份 |

INGREDIENTS

★主材料
血蚶 300g
單花韭 20g

★調味材料
醬油 2 匙
米酒 0.5 匙
辣椒粉 0.5 匙
香油 1 匙
芝麻鹽 0.5 匙

替代食材

單花韭▶韭菜、細蔥

TIP

烹煮時,若血蚶的外殼全數開啟
而湯汁流失,表示加熱時間過久
且已失去美味。其中一、兩個血
蚶的外殼開啟時,便要及時關火、
移至篩網上濾出湯汁。

---How—To—Make---

兩、三個血蚶外殼
開始掀起時,就要
離火撈起

也可依據喜好將仍
有外殼剝除,僅
用血蚶肉與調味材
料混合

1 清洗血蚶
將血蚶放入寬大的盆
中,以手翻攪、摩擦清
洗,重複更換清水與搓
洗的步驟數次。

2 烹煮
將洗淨的血蚶放進鍋
中,放入足以淹沒所有
血蚶的清水,加熱時邊
以大勺攪拌,開始沸騰
後滾煮約1~2分鐘。

3 剝除外殼
將尚未掀開外殼的血
蚶,以湯匙撐開外殼的
後端相連處,除去單邊
外殼,留下血蚶肉與另
一邊相連的殼。

4 調味
將單花韭直切成薄片末
狀,再將調味材料拌
勻,最後放入血蚶仔細
翻動入味。

淡菜什錦麵

TIME　　30 分鐘

YIELD　　2 人份

INGREDIENTS
淡菜 100g
洋蔥 ¼ 顆
紅蘿蔔 少許
高麗菜葉 1 張
綠辣椒 2 根
大蔥（蔥白）½ 根
辣油 2 匙
蒜末 1 匙
蠔油 2 匙
辣椒粉 2 匙
昆布高湯 5 杯
精鹽、胡椒粉 少許
麵條 2 人份

TIP
將水和昆布放入鍋中加熱滾煮，
製成昆布高湯。昆布撈起後剪成
小塊，烹煮什錦麵時再加進湯中
用於調味。

How To Make

淡菜須與外殼一起
入鍋烹煮，所以務
必要完全清潔喔

1 處理淡菜
將淡菜身上的細鬚清
除，仔細將外殼搓洗乾
淨。

2 準備配菜
將洋蔥和紅蘿蔔切成細
條狀，高麗菜葉切成適
當尺寸，綠辣椒和大蔥
斜切成菱形薄片。

3 拌炒
鍋子預熱並加進辣油及
蒜末，以大火翻炒約2分
鐘。放入切好的洋蔥、
紅蘿蔔、高麗菜葉、綠
辣椒、蠔油與辣椒粉拌
炒約2分鐘，再加進昆布
高湯和淡菜，持續加熱
至淡菜的外殼開啟。

4 煮麵
用另一個鍋子汆燙麵
條，盛入碗中再倒進煮
好的湯底，小心鋪上配
料後撒上切好的大蔥。

鮑魚粥

TIME 　30 分鐘

YIELD 　2 人份

INGREDIENTS
鮑魚 2 個
糯米 ½ 杯
水 3 杯
精鹽 少許

替代食材
糯米▶蓬萊米

TIP
選用新鮮的鮑魚，連同內臟一起下鍋烹煮，可彰顯多層次的鮮甜滋味。米粒應以小火慢慢加熱，才能變得綿密柔軟。另外可根據喜好添加紅蘿蔔、南瓜等蔬菜配料，享用時也可搭配醃蘿蔔泡菜或白蘿蔔水泡菜。

—H·o·w—T·o—M·a·k·e—

事先將糯米洗淨後冷藏保存，料理時就能馬上使用

直接使用熱水可減少烹煮所需時間

若在糯米尚未軟爛前就變得過於濃稠，可加入適量熱水再攪拌燉煮

① 處理鮑魚
將鮑魚肉用乾淨的刷子清洗乾淨，再用湯匙從殼中剝起。切除堅硬的牙齒，將內臟及鮑魚肉切成塊狀。

② 浸泡糯米
將糯米浸泡冷水約30分鐘，或者浸泡熱水約10分鐘。

③ 烹煮
將鍋子預熱並放入香油、鮑魚內臟及鮑魚肉，以中火翻炒約3分鐘，再放入浸泡完成的糯米。同樣以中火攪拌約3分鐘，糯米逐漸變得透明後，加入3杯清水一起加熱。

④ 調味
加熱沸騰後轉為小火，持續以湯杓朝鍋底攪拌，燉煮約10分鐘使糯米充分軟化，整體變成濃稠度適當的粥品後，拌入少許精鹽調味。

螺肉涼拌麵

TIME   25 分鐘

YIELD   2 人份

INGREDIENTS

★主材料

螺肉罐頭 1 罐（250g）

鱈魚乾絲 30g

小黃瓜 ¼ 根

綠辣椒 1 根

紅辣椒 ½ 根

大蔥 1 根

細麵 50g

白芝麻 少許

★調味材料

辣椒醬 3 匙

辣椒粉 1 匙

糖 1 匙

醋 1.5 匙

米酒 1 匙

蒜末 0.5 匙

胡椒粉 少許

替代食材

螺肉 ▶ 魷魚

TIP

若選用新鮮螺類，應將螺殼洗淨，在滾水中放入少許鹽，汆燙約 5 分鐘後挑出螺肉使用。

— H-o-w —T-o— M-a-k-e ——————

1 準備食材

將螺肉罐頭中的湯汁濾出，盛於碗中備用。較大片的鱈魚乾可用手撕成適當的條狀，浸入螺肉湯汁約5分鐘，軟化後撈起瀝乾。

2 處理蔬菜

將小黃瓜、綠辣椒與紅辣椒剖半，再斜切成小片及細絲狀。大蔥也切成均勻的長細絲，浸泡冷水後瀝乾。

3 汆燙麵條

將細麵放入滾水中煮熟，撈起後以冷水沖洗、瀝乾。

4 拌勻

將調味材料混勻，放入螺肉及鱈魚乾攪拌，接著加進切好的小黃瓜、綠辣椒、紅辣椒與大蔥拌勻，盛盤後撒上少許白芝麻。

牡蠣清湯

TIME 25分鐘

YIELD 2人份

INGREDIENTS
牡蠣 100g
粗鹽 少許
白蘿蔔（長4cm）1塊
大蔥 ¼ 根
水 3 杯
乾辣椒 1 根
蒜末 0.5 匙
鹽 少許

TIP
若使用一般清水用力翻洗，牡蠣富含的水溶性營養素及鮮甜味容易流逝而失去美味，務必放入鹽水中輕輕搖晃清洗。若要生食牡蠣，可加入白蘿蔔汁搖動混勻，就能達到生食等級的清潔標準。

—H-o-w—T-o—M-a-k-e—

小心不要烹煮過久，否則會使湯底變得混濁，食材變得乾韌難嚼

1 處理牡蠣
在牡蠣中撒上少許粗鹽，用手輕輕翻動至產生泡沫，再以冷水沖洗後置於篩網瀝乾。

2 準備配菜
白蘿蔔切成長約4cm的細條狀，大蔥切半後斜切成菱形薄片狀。

加入熱水可大幅縮短烹煮時間

3 煮蘿蔔
在鍋中放入3杯水、白蘿蔔及乾辣椒加熱，沸騰後轉為中火，持續滾煮約10分鐘，使白蘿蔔變得透明。

4 調味
將乾辣椒撈除，放入牡蠣稍微再煮2～3分鐘，再放入切好的大蔥與蒜末，最後以鹽調味。

香煎牡蠣

TIME   20 分鐘

YIELD   2 人份

INGREDIENTS

★主材料
牡蠣 200g
粗鹽 少許
麵粉 ½ 杯
雞蛋 1 顆
鹽、白胡椒粉 少許
食用油 適量
★調味材料
醬油 1 匙
醋 1 匙
糖 0.5 匙
芝麻 少許

TIP
牡蠣應選擇散發乳白色光澤且富
有彈性的新鮮商品。

—H-o-w—T-o—M-a-k-e—

鋪上廚房紙巾雖可以
吸取油分，但也會使
水分無法散發而使炸
衣逐漸變得濕軟

1 準備食材
將牡蠣放入淡鹽水中輕
輕搖晃洗淨，利用篩網
瀝乾後撒上少許鹽和白
胡椒粉。將雞蛋仔細打
散成蛋液。

2 裹上蛋液
以廚房紙巾拭乾牡蠣上
的水分，放入麵粉中讓
整顆牡蠣沾滿，再均勻
裹上蛋液。

3 油煎
將平底鍋預熱並放入足
量的食用油，以中火慢
慢煎熟牡蠣。單面幾乎
全熟後再翻面，使雙邊
都均勻呈現漂亮的金黃
色澤。

4 調味
使用寬大的竹篩網擺放
煎好的牡蠣，避免牡蠣
互相交疊，自然冷卻後
即可盛盤。最後依據分
量將調味材料混合，搭
配牡蠣一起享用。

鮮蚵飯

| TIME | 30 分鐘 |
| YIELD | 2 人份 |

INGREDIENTS

★主材料
米 1 杯
白蘿蔔（長 5cm）1 塊
牡蠣 200g
香油 少許

★調味材料
細蔥花 2 匙
醬油 2 匙
香油 1 匙
辣椒粉 0.3 匙
芝麻 0.5 匙

TIP
每年 5 ～ 8 月之間為牡蠣的產卵期，雖然肥美，但也有可能具有毒性，應謹慎避免食物中毒。

How—To—Make

若沒有適合的砂鍋，可用底部較厚的鍋子替代，或直接使用電子鍋烹煮。

1 浸泡白米
將白米清洗乾淨並泡水約20分鐘，再以篩網瀝乾。

2 處理食材
將白蘿蔔切成尺寸規律的細條狀，牡蠣放入淡鹽水中搖晃清洗約兩次，再以篩網瀝乾。

3 煮飯
米和白蘿蔔絲放進砂鍋或厚底的鍋子，倒進1杯水並蓋上鍋蓋加熱。水沸騰後轉為中火滾煮約5分鐘，轉為小火並放入牡蠣燜煮約5分鐘，完成後輕輕翻動拌勻。

4 調味醬
將調味材料全數混勻並搭配享用。

鍋蒸海鮮

將海鮮、肉類放入鍋子或蒸籠中，或者在鍋底放一層少量的水再鋪疊食材，利用水沸騰產生的熱度與蒸氣烹調，各地的名稱、調味及食材不盡相同，可依照自己的喜好調整。新鮮的水產最重要的就是鮮嫩口感與甘甜風味，應避免加熱過久而變得老韌無味。包含豐富海鮮精華的剩餘醬料，可重複利用於炒飯或拌麵。

TIME	30分鐘
YIELD	2人份

INGREDIENTS

★主材料
螃蟹 1隻
蝦 6隻
魷魚 1隻
柄海鞘 100g
豆芽菜 300g
水芹 1把（50g）
綠辣椒 1根

紅辣椒 1根
大蔥 ½根
水 1杯
太白粉水 2匙
香油、芝麻 各1匙
鹽、胡椒粉 少許

★調味材料
辣椒粉 3匙
純醬油 1.5匙
鯷魚露 0.5匙
糖 0.3匙
清酒 1匙

蒜末 2匙

替代食材
螃蟹 ▶ 魚

TIP
可依據口味喜好僅使用一般辣椒粉，或者添加青陽辣椒粉混合，調節整體辣度。

H-o-w —To— M-a-k-e

1 處理螃蟹

將螃蟹清洗乾淨，剝除背部的外殼後以剪刀剪半，並將腳部的尾端剪掉。

2 處理海鮮

蝦子洗淨後剪去觸鬚及尖尾，魷魚清除內臟，保留整個身體及腳部。柄海鞘以細籤插入，瀝掉少許水分。

3 準備配菜

準備尺寸較圓粗的黃豆芽並拔除頭、尾，水芹僅留下梗部並切成長約10公分的段狀。綠辣椒及紅辣椒斜切成薄片，大蔥切成較寬的條狀。

4 製作醬料

將調味材料均勻混合，靜置約10分鐘使辣椒粉完全溶入。

5 汆燙黃豆芽

將黃豆芽放入鍋中，倒進1杯水並蓋上鍋蓋加熱，產生明顯蒸氣後再以大火滾煮約3分鐘，將黃豆芽撈起備用。

6 蒸熟

在煮過豆芽的水中直接放入海鮮與醬料，蓋上鍋蓋以大火加熱。沸騰後轉為中火燜煮約5分鐘，放入綠辣椒、紅辣椒、大蔥，再持續加熱約2分鐘，接著鋪上煮好的黃豆芽，以太白粉水調整濃稠度，放進水芹並再次拌勻，最後灑上適量香油及芝麻。

> 放進綠辣椒、紅辣椒及大蔥前，醬料與食材應仔細翻動並完全拌勻

149

韓風海鮮湯

看似複雜的海鮮湯,其實是對料理沒有自信的初學者最應該嘗試的一道菜。各種海鮮的美味自然融合,反而不用花太多心思調味。關鍵是務必使用最新鮮的食材,搭配最基本的湯底。只要有一項海鮮不夠新鮮,在烹調過程中產生不好的腥味,整體的失敗率就會大幅上升,無論其他食材如何美味也於事無補。另外,若在烹調過程中不斷試味道,可能會使味覺鈍化,應在海鮮食材燉煮到一定的程度,所有配料幾乎全部下鍋後再進行調整。

TIME	30 分鐘
YIELD	2 人份

INGREDIENTS

★ 主材料

螃蟹 1 隻
蝦 6 隻
花蛤 1 包
粗鹽 少許
魷魚 1 隻
黃豆芽 100g
白蘿蔔（長5cm） 1塊
茼蒿 1把
洋蔥 ¼ 顆

綠辣椒 ½ 根
紅辣椒 ½ 根
大蔥 ½ 根
水 4 杯
香油 1匙
芝麻 1匙
鹽、胡椒粉 少許

★ 調味材料

辣椒醬 1匙
辣椒粉 2匙
韓式味噌醬 0.5匙
純醬油 1匙
清酒 1匙
蒜末 2匙

生薑末 少許
鹽、胡椒粉 少許

TIP

螃蟹及鮮蝦能使湯頭更為鮮甜回甘，兩者之中至少應準備一種，且蝦子應將頭部一起下鍋烹煮，加倍彰顯海鮮特有的美味。

How To Make

1 處理海鮮

剝除螃蟹的背殼，用剪刀剪成適合食用的大小。利用牙籤挑掉蝦子背部的腸泥，保持未剝殼的狀態清洗乾淨。花蛤以彼此的外殼摩擦搓洗乾淨，再浸入淡鹽水中約10分鐘進行吐沙。

2 準備魷魚

清除魷魚的內臟，將身體切半並在內側割下刀痕，再切成適合食用的塊狀；腳部也切成類似的長度。

3 準備配菜

將黃豆芽搓洗乾淨，白蘿蔔切成適當的片狀，茼蒿也切成類似的長度。洋蔥切成較寬的段狀，綠辣椒、紅辣椒及大蔥斜切成薄片。

（建議使用傳統釀製、鹹味較重的韓式味噌醬）

4 製作醬料

將調味材料均勻混合。

5 烹煮

在鍋中倒入4杯水，放入白蘿蔔並以大火滾煮約5分鐘，白蘿蔔逐漸呈現透明後加進調味醬料拌勻，再放進所有海鮮。

6 調味

海鮮食材煮熟後，放入綠辣椒、紅辣椒、大蔥、黃豆芽及茼蒿，以鹽調味後煮至入味。

魷魚蝦餅

TIME 25 分鐘

YIELD 2 人份

INGREDIENTS

蝦仁 ½ 杯
魷魚 ½ 隻
紅蘿蔔（長 2cm）1 塊
洋蔥 ¼ 顆
細蔥 3 株
豆腐 ¼ 盒
雞蛋 2 顆
蒜末 0.3 匙
米酒 1 匙
鹽、胡椒粉 少許
麵粉 ½ 杯
食用油 適量

─ H-o-w ─ T-o ─ M-a-k-e ─

油煎時，因為內含的海鮮食材產生了水分，容易迅速焦，若有出水現象應用廚房紙巾吸乾

1 準備食材

將蝦仁與魷魚切成適當的小塊狀，紅蘿蔔及洋蔥切成末，細蔥直切成圓形蔥花。豆腐完全瀝乾後壓碎，雞蛋與少許食鹽一起打散成蛋液。

2 混合食材

將切好的蝦仁、魷魚、紅蘿蔔、洋蔥、細蔥、豆腐放入大盆中，加入蒜末、米酒、鹽、胡椒粉，再用手均勻混合。

3 捏成餅狀

將混合好的材料取適量捏成圓餅狀，再均勻裹上蛋液及麵粉。

4 油煎

平底鍋預熱並放入適量食用油，以中火將魷魚蝦餅慢煎至雙面微焦金黃。

海鮮煎餅

TIME 30 分鐘

YIELD 2 人份

INGREDIENTS

★主材料
鮮蛤肉 50g
洋蔥 ¼ 顆
細蔥 100g
煎餅粉 1 杯
水 1¼ 杯
食用油 適量

★調味材料
醬油 2 匙
青陽椒 ¼ 根
醋 1 匙
米酒 1 匙

TIP
煎餅加熱時若加入足量的食用油，就不用過度頻繁翻動煎餅。含有海鮮食材的煎餅不建議用力按壓，而是在加熱過程中適度以鍋鏟戳洞，使熱油進入煎餅內部。

---H-o-w—T-o—M-a-k-e---

若以一般麵粉替代煎餅粉，口感可能會變得較不酥脆。若只能使用麵粉，應放入冷水且不可過度攪拌，避免產生太多麩質，就能營造比較脆口的效果。

1 準備蛤蜊肉
將蛤蜊肉泡入淡鹽水中，輕輕搖晃洗淨後瀝乾，再切成適當的小塊狀。

青陽椒直接切成類似蔥花的形狀。

2 準備配菜
洋蔥切成細條狀，細蔥切成長約3cm的小段。

3 製作麵糊
將煎餅粉與1又¼杯水混合至沒有結塊，再放進蛤蜊肉、洋蔥、細蔥拌勻。

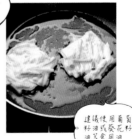

建議使用葡萄籽油或葵花籽油等食用油

4 油煎
將平底鍋預熱並加進食用油，以湯匙舀取適量麵糊放入鍋中，慢慢煎至雙面微焦呈金黃色。

153

日式海鮮壽司

坐在不停沿著軌道前進的迴轉壽司枱前，是要吃這個、還是吃那個呢？總在猶豫不決的瞬間，原本預計要拿取的那一盤就在眼前溜走了。自行挑選的樂趣，原本是迴轉壽司的一大賣點，但有些人卻因為無法迅速抉擇，反而不喜歡迴轉壽司。即使無法像高級和食店裡的師傅，講究著醋飯的尺寸與形狀，在家將自己最喜愛的海鮮，依照想吃的分量大方製成豪華料理，更是令人回味無窮。

TIME	25分鐘
YIELD	2 人份

INGREDIENTS

★主材料
飯 2碗
壽司蝦仁 6隻
壽司魚肉 6片
飛魚卵 ¼ 杯
海苔 ½ 大張
嫩蘿蔔芽 少許

★醋飯調味材料
醋 3匙
糖 2匙
鹽 0.3匙

★山葵泥材料
山葵（芥末） 1匙
冷水 0.5匙

TIP
烹煮壽司用的米飯時，可同時放入一片昆布，煮好的米飯靜置一段時間也不容易變得乾硬。無論太軟或太硬的飯，都不適合製作壽司，應使用粒粒分明的新鮮米飯。搭配海鮮的醋飯不宜過大，否則會蓋過海鮮的美味，建議與一般湯匙的直徑相當即可。

—H-o-w—T-o—M-a-k-e—

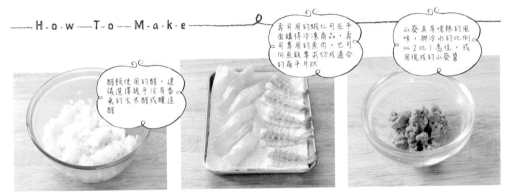

> 醋飯使用的醋，建議選擇幾乎沒有香氣的玄米醋或釀造醋

> 壽司用的蝦仁可在市面購得冷凍商品，壽司專用的魚肉，也可向魚販事先切成適合的扁平片狀

> 山葵具有嗆辣的風味，與冷水的比例以2比1為佳，或用現成的山葵醬

1 製作醋飯
準備熱騰騰的米飯，將醋飯調味材料混入，以飯杓迅速且均勻地攪拌，避免飯粒被壓碎或互相沾黏。

2 準備海鮮
以廚房紙巾擦乾蝦仁表面的水分，準備自己喜愛的白肉魚或紅肉魚，以及飛魚卵或其他魚卵。蘿蔔芽以清水洗淨後瀝乾。

3 製作山葵泥
將山葵與少許冷水輕柔攪拌，成為半固態的泥狀。

> 醋飯壓得過度緊實或太大，反而會掩蓋走海鮮食材的風采

> 若選購冷凍的魚卵商品，解凍使用後不建議重新冷凍存放喔

4 裁剪海苔
將大張海苔剪成寬約3cm的長條狀。

5 握壽司
趁醋飯溫熱時，用手捏成適當的小型長方塊狀，抹上適量山葵泥，再鋪上蝦仁或魚肉。

6 軍艦壽司
將海苔環繞醋飯一周，魚卵填入醋飯上方的凹槽，搭配嫩蘿蔔芽享用。

豆腐明太子湯

TIME 15 分鐘

YIELD 2 人份

INGREDIENTS

明太子 2 塊（約 50g）
白蘿蔔（長 2cm）1 塊
綠辣椒 ½ 根
紅辣椒 ½ 根
細蔥 3 株
雞蛋豆腐 1 盒
水 2 杯
蝦醬 1 匙
辣椒粉 0.3 匙
蒜末 0.5 匙
鹽 少許
香油 少許

替代食材

明太子▶魚子醬、鱈魚卵
雞蛋豆腐▶嫩豆腐、板豆腐

─H-o-w─T-o─M-a-k-e─

若不切塊就直接烹煮，會因為薄膜破裂而使整體變得混濁。

1 處理明太子
將整塊明太子切成適口大小。

2 準備配料
白蘿蔔切成適當的方片狀，綠辣椒、紅辣椒斜切成薄片，細蔥切成長約2cm的小段。

盒裝的豆腐不用先倒出來，可以直接使用湯匙挖出尺寸適當的小塊。

3 烹煮
在鍋中放入2杯水加熱煮滾，再放進白蘿蔔以中火煮約5分鐘，接著放入明太子再煮約2分鐘，以湯匙挖取加入豆腐。

4 調味
大約再煮2分鐘後，放入蝦醬調味，再加進辣椒粉、切好的綠辣椒、紅辣椒、細蔥、蒜末，繼續滾煮2分鐘，最後以鹽調整鹹度。

魚板蘿蔔湯

TIME 15 分鐘

YIELD 2 人份

INGREDIENTS

★主材料
魚板 1 包（約 300g）
白蘿蔔（長 2cm）½ 塊
大蔥 ¼ 根
蒜末 0.3 匙
胡椒粉 少許

★湯底材料
水 3 杯
鰹魚露 1 匙
米酒 1 匙
鹽 少許

替代食材

鰹魚露▶純醬油

TIP

魚板大致上是將魚肉、澱粉、蔬菜
等原料攪勻油炸而成的食品，若不
喜歡魚板本身的油分，可先用滾水
汆燙一次。但若下鍋太久，容易連
魚板的風味也一併流失，只要放入
滾水中，就可立即撈起瀝乾、使用，
讓料理湯底保持清澈。

H-o-w —T-o— M-a-k-e

1 準備食材

可選購包括各種形狀的
綜合魚板，較大者切成
適口尺寸。白蘿蔔切成
方形片狀，大蔥斜切成
薄片。

2 煮湯

在鍋中放入3杯水、鰹魚
露和米酒一起加熱。

3 放入食材

湯底沸騰後放入白蘿
蔔，以中火加熱約6～7
分鐘，再放進魚板以大
火滾煮，再次沸騰後轉
為中火燉煮約5分鐘。

4 調味

放入大蔥及蒜末再加熱
約1分鐘，最後以鹽和胡
椒粉調味。

醬／辣味魚板

TIME 20 分鐘

YIELD 2 人份

INGREDIENTS

★主材料
魚板（方塊狀）400g
洋蔥 ½ 顆
芝麻 適量

★醬味調料
醬油 2 匙
蠔油 0.3 匙
糖 0.5 匙
水飴 1 匙
米酒 1 匙
水 ¼ 杯
胡椒粉 少許

★辣味調料
醬油 3 匙
辣椒粉 0.3 匙
水飴 1 匙
糖 0.5 匙
米酒 1 匙
水 ¼ 杯
胡椒粉 少許

How To Make

若使用一般扁平魚板，可切成適合食用的小片

除了洋蔥，也可根據喜好加入高麗菜、青椒、紅蘿蔔等蔬菜

1 準備食材
選購立體方塊狀的魚板，將洋蔥切成與魚板尺寸相近的小塊狀。

2 醬味魚板
將醬味調料全數放入鍋中加熱，冒泡滾起後放入一半的魚板及洋蔥，持續拌煮至收汁入味後，撒上適量芝麻。

3 辣味魚板
將辣味調料全數放入鍋中加熱，冒泡滾起後放入剩餘魚板及洋蔥，持續拌煮至收汁入味後，撒上適量芝麻。

洋栖菜飯

TIME 15分鐘

YIELD 2人份

INGREDIENTS

★主材料
米 1 杯
水 1 杯
乾燥洋栖菜 1 匙
精鹽 少許

★調味材料
蔥花 2 匙
醬油 3 匙
香油 1 匙
芝麻 0.5 匙

TIP
洋栖菜是一種海草類，除了冬季
較多販售新鮮品，可視為當令食
材使用，其他季節則可使用乾燥
品。

H-o-w—T-o—M-a-k-e

乾燥洋栖菜應浸
泡冷水約 10 分
鐘，新鮮的可以
直接清洗使用

1 準備食材
白米洗淨後泡水約20分
鐘後濾乾，洋栖菜也浸
泡冷水軟化後，以篩網
瀝乾。

加入少許食
鹽，可提升
洋栖菜的鮮
甜

2 煮飯
將泡水過的米、1杯水、
洋栖菜和鹽放入鍋中，
以大火加熱至沸騰後轉
為中火，5分鐘後轉為小
火，再燜煮約5分鐘。

3 製作調味醬
將調味材料混勻，成為
搭配洋栖菜飯的調味
醬。

燜煮完後應即刻均
勻攪拌，靜置過久
容易沾黏、變硬成
塊，上桌後就不容
易拌開了

4 攪拌
將燜煮好的洋栖菜飯仔
細翻攪拌勻，盛入碗中
並搭配調味醬享用。

Chapter 3

肉類及蛋類料理
30 道

　　常見的肉類料理不外乎就是牛肉、豬肉和雞肉。牛肉和豬肉不適合一次大量購買，善加利用附近的菜市場，向肉販表明需要的種類與分量，製作少數人享用的料理並不麻煩。燉煮牛骨湯或牛雜湯的牛骨、牛尾等特殊部位，也可以直接拜託肉販進貨或保留。

　　根據料理特性與用途，特別選用適合的肉種和部位，也是相當重要的關鍵。牛肉大致分成適合煎烤的背脊肉、肩肉、排骨肉等，以及湯類或鍋物常用的胸肉、膝肉等。豬肉也可分成煎烤用的五花肉、腹肉，熱炒或油炸用的背脊肉、里肌肉等。雞肉與牛、豬肉不同，可適度冷凍保存後解凍使用，但還是要按照料理內容選購不同的部位。

醬燉牛肉

醬燉牛肉是韓式小菜之中，眾人期待值居高不下的品項。充分入味的食材搭配足量的醬汁，只要一盤就令人心滿意足！牛肉口感鹹香又軟嫩，韓國人甚至會以「飯小偷」來形容這種下飯的配菜。用豬肉替代牛肉也相當受歡迎，添加雞蛋或鵪鶉蛋更使美味再加倍。醬燉牛肉的材料準備與製作，都以多人份烹調為佳，自行品嚐佳餚的同時，也能作為敦親睦鄰的好禮。

TIME	50分鐘	
YIELD	4 人份	

INGREDIENTS

★主材料
牛肉（臀肉）400g
水 5杯
大蔥 ½根
蒜 3瓣
青龍椒 8根
精鹽 少許

★調味材料
煮牛肉的水 1½杯
醬油 5匙
糖 2匙
水飴 1匙
米酒 2匙
蒜末 1匙
胡椒粉 少許

替代食材
青龍椒▶綠辣椒、蒜苗

TIP

醬燉類的肉品應以滾水汆燙，盡量避免肉汁流失。牛肉以沒有調味的清水滾煮，會使肉質越來越柔軟。將牛肉與青龍椒盛盤後，記得淋上足量的醬汁。若想品嚐溫熱的口感，可在享用前以微波爐加熱約30秒。

—H-o-w—T-o—M-a-k-e—

> 若在水中添加鹽或醬油，會使牛肉中的水分排出，建議在調味前先將牛肉煮軟；使用壓力鍋烹煮可大幅縮短煮軟的時間

> 水分務必要吸乾，否則容易產生腥味喔

1 準備牛肉
選用牛臀部位的瘦肉，以廚房紙巾吸乾水分，再切成3～4小塊。

2 煮牛肉
在鍋中放入5杯水加熱，沸騰後放進牛肉、大蔥及蒜瓣。重新煮滾後轉為中火，持續燉煮約30～40分鐘。

3 準備青龍椒
將青龍椒洗淨並切除蒂頭，尺寸較大者切半。

> 若使用壓力鍋應只放1杯水加熱，沸騰後轉為小火再煮約5分鐘，牛肉就會快速軟化

4 處理牛肉
將煮好的牛肉撈起，用手撕成適口的條狀，剩餘的水過濾後，將1又½杯倒回鍋裡。

5 醬燉
將調味材料加入鍋中，加熱滾起後放入撕好的牛肉並轉為中火，重複舀起、淋上鍋中的湯汁，持續燉煮約10分鐘。

> 若湯汁變得太少，可加入熱水或剩餘的煮牛肉水

6 放入青龍椒
最後放入青龍椒拌煮約2分鐘。

麻辣牛肉湯

TIME   35 分鐘

YIELD   2 人份

INGREDIENTS

★主材料

牛肉（切絲的臀肉）150g

秀珍菇 1 把

蕨菜 80g

綠豆芽 1 把

綠辣椒 1 根

紅辣椒 1 根

大蔥 2 根

辣油 2 匙

水 7 杯

鹽、胡椒粉 少許

★調味材料

辣椒粉 2 匙

辣油 2 匙

純醬油 2 匙

蒜末 2 匙

米酒 1 匙

胡椒粉 少許

TIP

此道料理的步驟繁複、耗時較久，可在週末利用時間熬煮後完全放涼，再以密封容器分裝成小分量冷凍。享用時可先退冰並以微波爐加熱，或者直接倒進鍋中煮熱。

—— H-o-w —T-o— M-a-k-e ——

平時下廚剩餘的豆芽，靜置不理會容易腐敗，應以滾水汆燙後冷凍保存，再運用於其他湯類

1 牛肉調味

將牛肉上的水分吸乾，放入調味材料輕輕拌勻。

2 準備配菜

秀珍菇撕成小株，蕨菜切成適合的長度，綠豆芽以滾水川燙或拿出冷凍備用的退冰，綠辣椒和紅辣椒斜切成薄片，大蔥切成較寬的條狀。

3 拌炒

將湯鍋預熱並倒進辣油，放入牛肉以大火拌炒約2分鐘，再加進秀珍菇、蕨菜及大蔥持續炒約10分鐘後，放入7杯水與豆芽。

4 調味

加熱沸騰後轉為小火，燉煮約10分鐘，並於過程中撈除表面的泡沫，完成前放入紅辣椒、綠辣椒，並以鹽和胡椒粉調味。

慶尚道辣牛肉蘿蔔湯

TIME   30 分鐘

YIELD   2 人份

INGREDIENTS
牛肉（牛膝或牛胸）150g
白蘿蔔（長 5cm）1 塊
黃豆芽 100g
大蔥 2 根
辣椒粉 1 匙
水 5 杯
純醬油 1 匙
蒜末 0.5 匙
香油 2 匙
水 5 杯
鹽、胡椒粉 少許

替代食材
純醬油 ▶ 鰹魚露、昆布粉

TIP
若使用冷凍牛肉，應完全解凍後
再使用。冷藏肉品則需以廚房紙
巾吸乾水分，熱炒時才不會產生
雜質與不好的味道。

--- H·o·w —T·o— M·a·k·e ---

牛膝或胸肉適
合用於湯類或
鍋物料理

使用鰹魚露或昆布
粉，會讓湯頭更加
鮮美甘甜

1 準備牛肉
將牛肉切成適當的小塊
狀。

2 準備配菜
將白蘿蔔切成方塊片
狀，黃豆芽剝除頭、
尾，大蔥切半後再切成
長約2cm的小段。

3 烹煮
湯鍋預熱後倒進香油，
放入牛肉和白蘿蔔以大
火拌炒約3分鐘，再加進
辣椒粉炒2分鐘，放入黃
豆芽、大蔥和5杯水一起
加熱。

4 調味
湯底沸騰後放入純醬
油，轉為中火持續燉煮
約15分鐘，並於過程中
不斷撈除表面的泡沫。
最後放入蒜末、鹽和胡
椒粉調味，再煮一會兒
後完成。

牛肉蘿蔔湯

TIME	30 分鐘
YIELD	2 人份

INGREDIENTS

★主材料
牛肉（牛膝或牛胸）100g
白蘿蔔（長約3cm）1塊
大蔥 ¼ 根
蒜末 1 匙
純醬油 1 匙
香油 1 匙
水 4 杯
蒜末 0.5 匙
鹽、胡椒粉 少許
★調味材料
純醬油 1 匙
蒜末 0.5 匙
香油 1 匙
胡椒粉 少許

—H-o-w—T-o—M-a-k-e—

> 若牛肉沾黏在鍋底，應先關火拌炒再重新開火

冷凍牛肉應先移至冷藏完全解凍，再以廚房紙巾仔細吸乾水分，避免在烹煮過程中產生腥味

1 牛肉調味
準備適合煮湯的牛肉部位，切成適合食用的小塊狀，並依據分量拌入調味材料混勻。

2 準備配料
白蘿蔔切成薄片狀，大蔥直切成蔥花。

3 拌炒
在鍋中倒進香油並以大火熱鍋，轉為中火並放入調味好的牛肉，拌炒約2分鐘後放入白蘿蔔，再均勻翻動約3分鐘。

> 烹煮過程應隨時撈除表面的雜質及泡沫，保持湯頭清澈

4 調味
加進4杯清水再以大火加熱，沸騰後轉為中火燉煮約10分鐘，放入大蔥及蒜末拌勻，最後以鹽和胡椒粉調味。

醬烤牛小排

TIME 30 分鐘

YIELD 2 人份

INGREDIENTS

★主材料
牛小排 600g
杏鮑菇 1 根
精鹽 少許
食用油 適量

★調味材料
蔥末 2 匙
蒜末 1 匙
醬油 5 匙
糖 2 匙
水飴 1.5 匙
米酒 2 匙
香油 1 匙
鹽、胡椒粉 少許

替代食材

杏鮑菇▶秀珍菇、香菇
米酒▶清酒

TIP

牛小排若過度浸泡會使美味流失,浸
泡時間僅需 1 小時左右,且應在瀝乾
後以廚房紙巾吸除表面水分。

─ H-o-w ─T-o ─M-a-k-e ─

藉由浸泡瀝出
牛肉中的雜
質,保持肉質
清爽順口

攪拌至糖粒
完全融化

1 準備牛肉
將牛小排浸泡冷水約1小
時。

2 製作調味醬
將調味材料拌勻。

3 調味
將牛小排瀝乾並以廚房
紙巾吸乾水分,淋上調
味醬充分混合,靜置約
10分鐘入味。

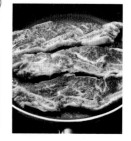

牛肉身上若殘
留水分會使調
味變淡喔

4 煎熟
利用平底鍋或烤網加熱
牛小排,杏鮑菇切成長
片狀,放入鍋中煎至微
焦並以鹽調味。將煎好
或烤好的牛小排盛盤,
搭配杏鮑菇片享用。

牛肉涮涮鍋

一頓餐食包含許多種料理，開動前的烹調過程總是冗長繁複。若是吃涮涮鍋，只要準備好美味的湯底，就能將牛肉、蔬菜、麵條等食材直接端上桌，邊煮邊吃，又能節省預先處理的時間及步驟，大家一起圍爐共食，用餐氣氛也更熱絡，另外也能依據個人喜好添加海鮮或火鍋配料。

TIME	25分鐘
YIELD	2 人份

INGREDIENTS

★主材料
牛肉（火鍋用薄片）300g
白菜葉 2片
生菜 500g
洋蔥 ½顆
秀珍菇 1把

金針菇 1包
冷凍餃子 6顆
刀削麵條 100g

★湯底材料
水 5杯
昆布（10X10cm）1 片
柴魚片（小片狀）1 把
醬油 1匙
鹽、胡椒粉 少許

沾醬材料
醬油 3匙
醋 1匙
米酒 1匙
山葵 0.5匙

How To Make

> 白菜葉靠近梗部處
> 如果太厚，可用刀
> 橫割成較薄的片狀

1 準備蔬菜
將白菜葉、生菜、洋蔥切成適合
食用的尺寸。

> 清洗菇類應以半浸泡的
> 方式輕輕搖晃洗淨，且
> 應立即撈起瀝乾，浸泡
> 太久會因吸收而在烹煮
> 時產生多餘水分

2 準備菇類
將秀珍菇清洗後撕成適合食用的
小株，金針菇切除根部後洗淨，
也撕成適當的尺寸。

> 昆布不以清水沖洗，
> 而是用沾濕的棉布或
> 廚房紙巾輕輕擦拭

3 製作湯底
在鍋中放入5杯水與昆布加熱，沸
騰後轉為中火再煮約5分鐘，加進
適量柴魚片後關火靜置10分鐘。
以篩網濾除柴魚片，接著以醬
油、鹽和胡椒粉做基本調味。

> 將山葵粉放入冷水
> 中輕輕拌勻數次，
> 即可產生香辣氣味

4 製作沾醬
將沾醬材料全數拌勻。

5 盛裝
將涮涮鍋底、食材、沾醬等各別
盛裝上桌。

> 若以白飯替代麵
> 條，加入喜愛的蔬
> 菜配料一起慢煮，
> 就是美味的牛肉蔬
> 菜粥喔

6 現煮
湯底煮滾後，將準備好的食材依
序下鍋加熱，稍微汆燙後搭配沾
醬享用。最後利用剩餘的湯底煮
出鮮甜的湯麵。

牛肉壽喜燒

TIME	30 分鐘
YIELD	2 人份

INGREDIENTS

★主材料
牛肉（薄片）200g
白菜葉 2 片
洋蔥 ¼ 顆
香菇 2 朵
秀珍菇 ¼ 包
豆腐（鍋物用）⅙ 盒
大蔥 ½ 根
冬粉 50g
茼蒿 2 株
食用油 適量
昆布高湯 ⅔ 杯
雞蛋 1 顆
★調味材料
醬油 3 匙
米酒 3 匙
清酒 1 匙
糖 1 匙

TIP
將昆布放入水中滾煮約 5 分鐘後
撈起，即為用途廣泛的昆布高湯，
冷藏保存可持續使用 3 ～ 4 天。

湯液中加入一些涮香油，食用時就不會產生特殊的腥味

—H-o-w—T-o—M-a-k-e—

1 準備牛肉
選用適合烤肉或煮湯的
部位，切成適合食用的
薄片狀。

2 準備配菜
白菜葉、洋蔥、香菇、
豆腐切成適口大小，大
蔥斜切成菱形薄片。冬
粉泡軟後剪成適合食用
的長度，茼蒿洗淨瀝乾
備用。

3 拌炒
選用厚實的平底鍋，預
熱後淋上少許食用油，
先將較硬的蔬菜加熱拌
炒，再放進牛肉、一半
分量的醬汁及昆布高
湯，以大火滾煮約 5 分
鐘。

4 享用
牛肉及配菜全熟後，將
雞蛋均勻打散成蛋液，
搭配食材沾取享用。在
享用的同時，再次加入
剩餘的食材、另一半的
醬汁與高湯，期待下一
次的沸騰吧！

鮮菇炒牛肉

TIME 25 分鐘

YIELD 2 人份

INGREDIENTS

★主材料
牛肉（烤肉用）300g
秀珍菇 1 把
洋蔥 ¼ 顆
大蔥 ¼ 根
食用油 適量

★調味材料
蔥末 2 匙
蒜末 1 匙
醬油 4 匙
糖 1 匙
水飴 1 匙
米酒 1 匙
胡椒粉 少許

TIP

在小砂鍋中放入 ½ 杯昆布高湯，加熱煮滾後放入調味好的牛肉、洋蔥、菇類，煮到牛肉全熟後加進泡水軟化過的冬粉及大蔥，再煮一會兒，即為食材相同、但做法不同的另一道料理——韓式牛肉冬粉湯。

—H·o·w—T·o—M·a·k·e—

牛肉熱炒過久會變得過老，只拿表面的血紅色消失即可起鍋

糖粒或水飴若無完全融入，會降低整體的甘甜味

1 準備牛肉

以廚房紙巾吸乾牛肉身上的水分，再切成適合食用的小片。秀珍菇用手撕成小株，洋蔥及大蔥切成細條狀。

2 牛肉調味

將調味材料混勻，與切好的牛肉仔細攪拌後靜置約10分鐘。

3 拌炒

將平底鍋預熱後倒進食用油，先放入洋蔥以大火爆香約2分鐘，再加進牛肉和秀珍菇以大火拌炒約5分鐘。

4 盛盤

炒好的食材盛盤後鋪上蔥絲。

夏威夷牛肉堡

TIME　　20 分鐘

YIELD　　2 人份

INGREDIENTS

★主材料
洋蔥 ¼ 顆
牛肉（臀絞肉）200g
培根 2 片
鳳梨切片 2 片
食用油 適量
漢堡麵包 2 個
黃芥末醬 適量
高麗菜 2 片
起司片 2 片

★牛肉、洋蔥調味材料
麵包粉 3 匙
牛奶 1 匙
肉豆蔻 少許
鹽、胡椒粉 少許

替代食材

肉豆蔻▶咖哩粉

—H·o·w—T·o—M·a·k·e—

牛肉可選用臀肉或後腿肉

1 製作漢堡肉
將牛絞肉和洋蔥一起切碎後放入大盆中，加入所有調味材料，再用手拿取適量，捏成扁圓狀的肉餅。

2 煎烤
將平底鍋預熱，放入培根及切片的鳳梨，煎烤至雙面微焦。

3 煎漢堡肉
取出培根及鳳梨備用，再直接加入食用油煎熟漢堡肉。

4 組合漢堡
先在漢堡麵包上抹一層黃芥末醬，依序鋪上高麗菜、漢堡肉、鳳梨、培根及起司片，再蓋上另一片漢堡麵包即完成。

紅酒醬漢堡排

TIME　　30 分鐘

YIELD　　2 人份

INGREDIENTS

★主材料
薺菜 50g
粗鹽 少許
洋蔥 ½ 顆
食用油 適量
牛肉（臀絞肉）300g
麵包粉 ¼ 杯
雞蛋 1 顆
肉豆蔻 少許
鹽、胡椒粉 少許

★紅酒醬材料
蘑菇 2 朵
奶油 1 匙
紅酒 ¼ 杯
多蜜醬 ½ 杯
水 3 匙
鹽、胡椒粉 少許

替代食材

薺菜▶單花韭、朝鮮苢芹
肉豆蔻▶咖哩粉
多蜜醬▶番茄醬、番茄紅醬

—H-o-w—T-o—M-a-k-e—

> 肉餅加熱後中央部
> 分會逐漸膨脹隆
> 起，因此在捏製時
> 可以刻意讓中間稍
> 微凹陷

1 處理薺菜

將薺菜洗淨，在滾水中放入少許鹽，放入薺菜稍微汆燙後瀝乾，再切成碎末狀。

2 炒洋蔥

將洋蔥均勻切成碎末，以食用油熱鍋後翻炒至呈現微焦的金黃色，再起鍋備用。

3 製作漢堡肉排

將牛肉、薺菜及洋蔥混合，並放入麵包粉、蛋液、肉豆蔻、鹽及胡椒粉充分拌勻。分成兩等份並捏成圓形肉餅狀，放入鍋中油煎至表面微焦，轉為小火後蓋上鍋蓋燜煎約5分鐘。

4 製作紅酒醬

將蘑菇切片，放入事先以奶油預熱的平底鍋中拌炒，再加進紅酒、多蜜醬和3杯水燉煮約3分鐘，最後以鹽和胡椒粉調味，淋在漢堡肉排上搭配享用。

泡菜豬肉

TIME	30 分鐘
YIELD	2 人份

INGREDIENTS

★主材料
熟泡菜 ¼ 顆
豆腐 ½ 盒
豬肉（五花肉）100g
洋蔥 ¼ 顆
大蔥 ¼ 根
青陽椒 1 根
秀珍菇 30g
鹽、胡椒粉 少許
★調味材料
昆布高湯 1 杯
辣椒醬 1 匙
辣椒粉 1.5 匙
蒜 0.5 匙
醬油 1 匙
泡菜湯汁 ¼ 杯
糖、生薑 少許

—H-o-w—T-o—M-a-k-e—

靜置發酵時間較長的
熟泡菜，使用時應將
菜片之間的醃料除
去，料理整體才能保
持清爽，五花肉也可
均勻吸收調味

1 準備熟泡菜
將熟泡菜身上的醃料抹
除，與豆腐、五花肉切
成相似的尺寸。

2 準備配菜
將秀珍菇撕成小株，洋
蔥切成較寬的條狀，大
蔥及青陽椒斜切成薄
片。

3 製作調味醬
將調味材料全數混勻。

4 燉煮
將豆腐、五花肉、熟泡
菜均勻鋪在淺鍋中，再
擺上洋蔥、大蔥、青陽
椒，均勻淋上調味醬並
以大火加熱約5分鐘，再
轉成中火燉煮約10～15
分鐘，最後以鹽和胡椒
粉調味。

韓式白肉

TIME 30 分鐘

YIELD 2 人份

INGREDIENTS

★主材料

豬肉（五花肉）300g
蘿蔔乾條 1 把
熟泡菜 ½ 顆
洋蔥 1 顆
綠辣椒 1 根
紅辣椒 1 根
蒜 2 瓣
芝麻葉 10 片
芝麻鹽、胡椒粉 少許
包飯醬 少許

★蘿蔔乾調味材料

辣椒醬 1 匙
辣椒粉 0.5 匙
醬油 1 匙
水飴 2
芝麻鹽 0.3 匙

替代食材

五花肉▶豬頸肉

-H-o-w--T-o--M-a-k-e-

1 五花肉調味

準備一條豬五花肉，切成 2～3 大塊，撒上適量的鹽和胡椒粉。

2 準備配菜

將條狀的蘿蔔乾浸泡冷水後瀝乾，與調味材料混合入味。將熟泡菜以水沖洗，切成適口大小。洋蔥切成1cm厚的圓片，綠辣椒、紅辣椒斜切，蒜瓣切成薄片。

3 烘烤

將洋蔥鋪在烤盤上，擺上五花肉並平均蓋上2～3張芝麻葉，以事先預熱至200℃的烤箱加熱20～25分鐘，再取出放涼。

4 盛盤

將烤好的五花肉切成適口的片狀，與熟泡菜、蘿蔔乾條、綠辣椒、紅辣椒、蒜片及包飯醬一起享用。

辣炒豬肉

TIME 20 分鐘

YIELD 2 人份

INGREDIENTS

★主材料
豬前腿肉 400g
洋蔥 ½ 顆
紅蘿蔔 ¼ 根
綠辣椒 ½ 根
紅辣椒 ½ 根
大蔥 ¼ 根
食用油 2 匙
水 ¼ 杯
★豬肉調味材料
辣椒醬 2 匙
辣椒粉 2 匙
醬油 2 匙
蒜末 2 匙
糖、水飴、米酒 各 1 匙
鹽、胡椒粉 少許

替代食材
前腿肉▶豬頸肉

─ H-o-w ─ T-o ─ M-a-k-e ─

拌炒類的豬肉
適合選用前腿
肉或頸肉

1 豬肉調味

豬肉切成適合食用的小條狀,與調味材料攪拌混勻,靜置約30分鐘入味。

2 準備配菜

將洋蔥與紅蘿蔔切成細條狀,綠辣椒、紅辣椒以不去籽的狀態斜切成薄片,大蔥也斜切成片狀。

3 拌炒豬肉

將平底鍋預熱並倒進食用油,放入調味好的豬肉以筷子撥散、拌炒約3分鐘,加入¼杯水持續攪拌至豬肉全熟。

放入蔬菜
後再炒3
分鐘

4 放入配菜

豬肉全熟後放入其他配菜,以大火迅速快炒。

咖哩肋排

TIME　　30 分鐘

YIELD　　2 人份

INGREDIENTS
豬肋排 1 條
水 1 杯
蒜 2 瓣
市售牛肉咖哩醬包 1 包

替代食材
牛肉咖哩醬包 ▶ 蔬菜咖哩醬

TIP
若沒有烤箱，可將肋排放入鍋中，將咖哩醬包與 ¼ 杯水混合，以小火慢煮約 3 ～ 4 分鐘。另外也可以雞翅或雞腿替代豬肋排。

─ H·o·w─T·o─M·a·k·e ─

若沒有牛肉咖哩醬包，可將蔬菜與咖哩一起製成蔬菜咖哩醬

1　汆燙豬肋排
將豬肋排浸泡冷水約30分鐘，再以滾水汆燙後瀝乾。再將豬肋排、1杯水及蒜瓣放入壓力鍋滾煮約10分鐘。

2　淋上咖哩醬
將煮好的肋排撈起，置於可用於烤箱的容器中，淋上牛肉口味的咖哩醬。

3　烘烤
將烤箱事先預熱至200℃，放入食材加熱約10分鐘。

韓式糖醋肉

據傳糖醋肉是在鴉片戰爭後，退居劣勢的中國人們為了迎合英軍的口味而發明，美味的背後隱藏著屈辱的歷史。當時香港及廣州地區有大量英國人移居，因飲食文化不同而深感困擾，當地人特地為肉食主義至上的英國人調配了糖醋料理。糖醋肉顧名思義即擁有酸、甜兩種口味，使用不同的主、副食材，就能變化出各種特色及不同的掛名，試著創造屬於自己的糖醋佳餚吧！

TIME	30分鐘

YIELD	2人份

INGREDIENTS

★主材料
豬肉（里肌肉、腰內肉）200g
小黃瓜 ¼根
洋蔥 ¼顆
紅蘿蔔（長2cm）1塊
鳳梨片（罐頭）1片
炸油 適量
★豬肉調味材料

清酒 1匙
胡椒粉 少許
★炸衣材料
馬鈴薯粉 ½杯
蛋液 ½顆
★糖醋醬材料
水 1杯
醬油 1匙
糖 4匙
醋 3匙
鹽 少許
太白粉 少許

TIP

平常可製成炸衣的澱粉類之中，可達到良好脆口效果的馬鈴薯粉最適合糖醋肉。糖醋肉的炸衣不適合太厚，可先將水倒入馬鈴薯粉中，待粉類逐漸沉澱後，將上方清澈的部分倒掉，僅使用底部濃稠的澱粉水，就能將豬肉炸得金黃酥脆。炸油則以黃豆油或葡萄籽油為佳。

—— H-o-w —T-o —M-a-k-e ——

豬肉劃出刀痕可使口感更為軟嫩，也可直接購買用機器劃過痕跡的炸豬排用肉

1 處理豬肉

先將豬肉切成寬約1.5cm的片狀，再以0.5cm的間隔割下刀痕，翻面後切成適合食用的條狀。

2 豬肉調味

將調味材料與豬肉混合拌勻，靜置約30分鐘入味。另外將小黃瓜、洋蔥、紅蘿蔔、鳳梨片切成適口大小。

3 製作炸衣

將炸衣材料調和均勻後，即成豬肉的炸衣。

選購馬鈴薯粉時，應注意馬鈴薯含量

4 油炸

將調味好的豬肉均勻裹上炸衣，放入事先預熱至180℃的炸油中。若因食材水分排出而使熱油發出油爆聲，應將食材暫時撈出，待油爆聲消失後再重新放入。

太白粉與水的比例為1:1，加熱後可能會產生脫落的現象，可以不用待意沾黏。炸油若無法大量使用，可加入較少的食材分次油炸

5 糖醋醬入味

將平底鍋預熱並倒進少許食用油，先將蔬菜類以中火拌炒約2分鐘，再放入1杯水、鳳梨、醬油、糖、醋及鹽。加熱至冒泡滾起後，以太白粉水調整濃稠度，完成後淋在炸好的豬肉上。

雙醬日式炸豬排

炸豬排是最適合在客人來訪時端出來，讓大家一起分享的夢幻菜色。平常即使突然想吃，只要想到為了一、兩個人調製醬料、製作炸衣並使用大量油品炸成金黃酥脆，會覺得實在挺費工的，所以近來許多巧手媽媽都會用豬里肌或腰內肉製成迷你豬排，冷凍保存後每次加熱少量給孩子吃。選用腰內肉製成日式炸豬排，肉質柔軟且富有肉汁，一般市售冷凍炸豬排實在望塵莫及。

TIME 25分鐘

YIELD 2人份

INGREDIENTS

★主材料
豬肉（腰內肉）200g
鹽、胡椒粉 少許
炸油 適量
高麗菜葉 3片

★炸衣材料
麵粉 ½杯

雞蛋 1顆
麵包粉 1杯

★紅酒醬材料
紅酒 ¼杯
番茄醬 2匙
烏斯特醬 2匙

★柚醋醬材料
柚子醬 0.5匙
醬油 1.5匙
糖 0.5匙
醋 2匙

橄欖油 1.5匙
米酒 1.5匙

TIP
油脂較少的里肌肉或腰內肉適合用於炸豬排。可用刀敲打豬肉，或直接在肉舖選購已用機器割下刀痕的商品。事先購買的豬肉可冷凍保存，料理前再取出解凍。炸好的豬排可多方運用於三明治或漢堡。

H-o-w T-o M-a-k-e

市售麵包粉不具有水分，容易使豬排表面燒焦而內部沒熟。可預先以噴霧器在麵包粉灑上適量濕氣並以手翻動均勻，或者使用冷凍麵包粉。若能裹上麵包粉後靜置20～30分鐘再油炸，口感會更加潤軟嫩。

也可利用常見的刨絲器將高麗菜葉輕鬆刨成絲。

若下鍋時麵包粉不順勢下沉，而是直接浮在油面，表示油溫可能已超過200℃，應暫時關火使溫度下降。

1 處理豬肉
將腰內肉切成厚約1.5cm的片狀，以刀背細細敲打並撒上適量鹽和胡椒粉。依照順序沾上麵粉、蛋液、麵包粉並出力按壓，均勻裹上炸衣。

2 準備高麗菜絲
將高麗菜絲切成規律的細絲狀，浸泡冷水後瀝乾備用。

3 油炸
將炸油預熱至170℃（麵包粉進入油鍋後會先下沉，又迅速往上升至表面散開），放入裹好炸衣的豬排炸至內部全熟，外皮金黃脆口。

4 製作紅酒醬
將紅酒醬材料放入平底鍋中，以中火攪拌加熱約5分鐘，呈現適當的濃稠狀態。

5 製作柚醋醬
將柚子醬中的果肉仔細切碎，與其他柚醋醬材料混合均勻。

6 盛盤
將高麗菜絲與炸好的豬排擺盤，搭配紅酒醬及柚醋醬享用。

蔘雞湯

蔘雞湯是韓國極具代表性的營養食補品，古早時代是女婿上門拜訪時，丈人家把珍貴的母雞熬煮成湯的特殊美食。以美食饕客聞名的日本小說家村上龍，也曾讚賞蔘雞湯「並非只是單純的食物，而是將生命的力量放進身體裡」！雞肉是高蛋白、低脂肪的食材，人體容易消化吸收，與大棗、蒜、水蔘等配料熬煮成補湯，除了韓國傳統風俗中適合享用蔘雞湯的三伏天，平時也是相當受歡迎的食補。

TIME	30分鐘

YIELD	1 人份

INGREDIENTS

★主材料
糯米 ¼杯
雞（小隻）1隻
大棗 6顆
水蔘 1根

蒜 2瓣
栗子 3顆
精鹽 少許

★湯底材料
水 6杯
黃耆 5片
蒜 3～4瓣
大蔥 2株

替代食材
黃耆▶甘草

TIP
蔘雞湯應以小火長時間慢燉，使雞肉變得軟爛、湯底濃郁香醇。若時間較趕，可使用壓力鍋烹煮，大幅減少加熱的時間。

How To Make

若來不及等待，可先將糯米事先浸泡後置於冷藏保存

1 浸泡糯米
將糯米清洗乾淨，浸泡熱水約10分鐘。

2 處理雞肉
清除雞隻上的油脂與內臟，以流動的清水沖洗乾淨。

3 填入配料
將糯米、大棗、水蔘、蒜及栗子填入雞肚內。

可防止雞肚內的配料外流，均勻受熱熱透且散發濃郁香氣

一般韓式是直接享用雞肚裡的糯米，但也可以將雞肉享用完後，以剩餘的湯汁攪拌燉煮成粥

4 固定雞隻
在雞皮上用刀割出刀痕，將雞腿交叉固定，保護雞肚的內容物。

5 熬煮
在鍋中放入6杯水、雞、黃耆、蒜、大蔥，以大火加熱煮滾。沸騰後轉為中火持續熬煮20分鐘，過程中不時撈除表面的油分。熬煮完成後倒進大碗中，搭配少許食鹽享用。

韓式辣雞湯

TIME	30 分鐘
YIELD	2 人份

INGREDIENTS

★主材料
雞隻（切塊）1 隻
水 2 杯
馬鈴薯 2 顆
綠豆芽 2 把
韭菜 ½ 株
洋蔥（小）1 顆
青陽椒 1 根
紅辣椒 1 根
精鹽、胡椒粉 少許

★調味材料
蔥末 1 匙
蒜末 3 匙
辣椒醬 1 匙
辣椒粉 4 匙
純醬油 2 匙
清酒 1 匙
胡椒粉 少許

— H-o-w —T-o— M-a-k-e —

1 汆燙雞肉

將切塊的雞肉洗淨，和2
杯水一起放入壓力鍋中
加熱，開始沸騰後持續
滾煮約5分鐘再關火。將
雞肉撈起瀝乾，鍋中的
水以篩網過濾備用。

2 準備配菜

馬鈴薯去皮並切成適當
的塊狀，綠豆芽洗淨後
瀝乾。韭菜切成長約5cm
的小段，洋蔥切成較寬
的條狀，青陽椒和紅辣
椒斜切成菱形薄片。

3 燉煮

將調味材料全數混合成
醬，和步驟1中濾好的熱
水、燙好的雞肉、馬鈴
薯一起放入湯鍋中燉煮
約10分鐘。

4 調味

馬鈴薯煮熟後放入洋
蔥、青陽椒、紅辣椒，
轉為中火滾煮約5分鐘。
以精鹽和胡椒粉調味，
接著放入綠豆芽及韭菜
再稍微煮2〜3分鐘。

安東燉雞

TIME 　　30 分鐘
YIELD 　　4 人份
INGREDIENTS
★主材料
雞肉（切塊）1 隻
冬粉 1 束
紅蘿蔔 ½ 根
洋蔥 1 顆
馬鈴薯 2 顆
大蔥 1 根
韭菜 1 株
乾辣椒 3 根
香油 0.5 匙
★調味材料
蒜末 2 匙
生薑末 少許
醬油 ½ 杯
糖 4 匙
水飴 2 匙
米酒 2 匙
替代食材
馬鈴薯▶南瓜
TIP
這道韓國傳統料理安東燉雞，有些知
名的店家會為了呈現更深的顏色而添
加焦糖醬，一般在家可用黑糖取代材
料中的甜分，就能使整體顯色更重。

How To Make

將沾黏在雞骨上的
內臟清除乾淨再下
鍋滾煮，可避免煮產
生過多雜質並使湯
頭保持清爽

1 汆燙雞肉
將雞處理乾淨，放入沸
騰滾水中加熱約 10 分
鐘。

2 準備配菜
將冬粉浸泡冷水以軟
化，洋蔥及馬鈴薯切成
適當的塊狀，大蔥斜切
成菱形薄片，韭菜切成
適合食用的長度。

3 燉煮
先將調味材料均勻混
合，鍋子預熱後倒入食
用油，先放進乾辣椒爆
香，再放入燙好的雞
肉、馬鈴薯、紅蘿蔔以
及一半的調味醬，最後
倒進足量的水加熱。

4 放入冬粉
馬鈴薯半熟後，放入剩
餘的調味醬、洋蔥與冬
粉一起燉煮。冬粉煮熟
後加入韭菜、大蔥與香
油拌勻。

薄皮炸雞

TIME 30 分鐘

YIELD 2 人份

INGREDIENTS

★主材料
雞腿肉 400g
蛋白、太白粉水 少許
西生菜 2 片
蘿蔔芽 ¼ 包
炸油 適量

★雞肉調味材料
清酒 1 匙
鹽、胡椒粉 少許

★沾醬材料
綠辣椒 1 根
紅辣椒 1 根
大蔥 ¼ 根
蒜 2 瓣
水 3 匙
醬油 3 匙
醋 3 匙
糖 1.5 匙
香油 少許

─H-o-w─T-o─M-a-k-e─

油溫應保持在
170℃，以便雞
腿肉內部全熟而
表面不焦。

1 雞肉調味

將雞腿肉攤開成薄片，
以調味材料調味後，均
勻裹上由蛋白和太白粉
水混合而成的炸衣漿。

2 油炸

將炸油預熱，滴入少許
炸衣漿，如先沉入鍋底
再迅速浮起，表示炸油
處於理想的溫度，放入
雞腿肉重複油炸兩次，
使表面炸得金黃酥脆。

3 製作沾醬

將西生菜用手撕成適口
大小，將沾醬材料中的
綠辣椒、紅辣椒、大
蔥、蒜切成碎末，剩餘
的醬類均勻調和。

4 盛盤

先將西生菜鋪在盤中，
擺上切塊的炸雞腿肉及
事先洗淨的蘿蔔芽，搭
配香辣的沾醬享用。

辣子雞丁

TIME 　　30 分鐘

YIELD 　　2 人份

INGREDIENTS

★主材料

雞胸肉 2 片

黑木耳 2 朵

香菇 2 朵

綠辣椒 1 根

紅辣椒 1 根

乾辣椒 3 根

竹筍（罐頭）1 罐

炸油 適量

★雞肉調味材料

清酒 1 匙

雞蛋 ¼ 顆

太白粉 3 匙

胡椒粉 少許

★調味材料

蔥末 0.5 匙

蒜末 0.3 匙

辣油 3 匙

水 ⅔ 杯

醬油 1 匙

蠔油 1 匙

清酒 2 匙

太白粉水 少許

—— H-o-w —T-o —M-a-k-e ——

含有太白粉的炸衣，可能使雞肉在油鍋中互相沾黏，強制剝開會導致炸衣脫落

1 雞胸肉調味

將雞胸肉切成適當的塊狀，與雞肉調味材料全數混勻。

2 準備配料

木耳及香菇泡水後切成適口大小，綠辣椒、紅辣椒切半後直切成圓形薄片，乾辣椒用剪刀斜剪成菱形片狀，竹筍切成適合食用的小塊。

3 油炸

將調味完成的雞胸肉放入事先預熱至170℃的油鍋中，油炸至金黃色澤。

太白粉水僅需少許，使整體產生光澤即可

4 拌炒

平底鍋預熱後倒入辣油，乾辣椒、蔥、蒜末下鍋爆香，加入清酒及配料以大火翻炒1分鐘，再加水1杯、醬油、蠔油，以太白粉水調整濃稠度，放入雞肉拌炒收汁。

韓式炒辣雞

TIME 30 分鐘

YIELD 2 人份

INGREDIENTS

★主材料
雞腿肉 400g
高麗菜葉 2 片
地瓜 1 顆
青陽椒 2 根
大蔥 ½ 根
食用油 適量
韓式年糕 100g
芝麻 少許

★調味材料
辣椒醬 1 匙
辣椒粉 2 匙
蒜末 2 匙
咖哩粉（辣味）1 匙
醬油 2 匙
水飴 1 匙
糖 1.5 匙
清酒 1 匙
胡椒粉 少許

---H-o-w—T-o—M-a-k-e---

1 準備食材

將雞腿肉切成適當的小塊，高麗菜葉切成較寬的段狀，地瓜也切成相近的尺寸。

2 雞肉調味

將雞肉調味料全數混合，與雞肉輕輕拌勻並靜置約10分鐘入味。

3 拌炒

將平底鍋預熱後倒入適量食用油，再放進雞腿肉、高麗菜、地瓜、年糕，以大火拌炒約3分鐘。

堅硬的冷藏年糕商品，應先浸泡熱水軟化後使用

4 放入辛辣調料

雞腿肉大約半熟後轉為小火，再持續拌炒約5分鐘使雞肉全熟，接著放入青陽椒和大蔥拌勻，盛盤後撒上少許芝麻。

香草烤雞

TIME 50 分鐘

YIELD 2 人份

INGREDIENTS
雞 1 隻
精鹽、胡椒粉 少許
馬鈴薯 1 顆
洋蔥 1 顆
蒜 2 瓣
迷迭香 少許
橄欖油 適量

替代食材
迷迭香▶奧勒岡葉

TIP
建議選用 800g 至 1kg 之間的小型雞隻，若雞隻的腥味較重，可淋上紅酒或清酒並靜置 5 分鐘再使用。

—H-o-w—T-o—M-a-k-e—

馬鈴薯烤熟後無須剝除錫箔紙，只要用刀以橫向劃出長長的切口再擠壓兩側邊緣，馬鈴薯就會從中冒出來！

1 處理雞隻
除去臀部及雞胸部位的油脂，以鹽和胡椒粉調味後，將雞腿和雞翅以牙籤交叉固定。

2 準備配料
將馬鈴薯洗淨、削皮並以錫箔紙包裹，洋蔥切成厚約1cm的圓形，蒜瓣切成薄片。

3 填入蒜片
將切好的蒜片夾入雞皮底層，再均勻撒上迷迭香。

4 烘烤
將切好的洋蔥鋪在烤盤中，壓上全雞並將馬鈴薯放在旁邊，以預熱至230℃的烤箱烤25分鐘。以刷子均勻塗上橄欖油，再以200℃烤20分鐘，使烤雞呈現金黃色澤。

189

醬味鵪鶉蛋

TIME   30 分鐘

YIELD   2 人份

INGREDIENTS

★主材料

鵪鶉蛋 1 盒（25 ～ 30 顆）

粗鹽 少許

青龍椒 100g

大蒜 2 瓣

★調味材料

醬油 3 匙

糖 1 匙

米酒 1 匙

胡椒粉 少許

—H·o·w—T·o—M·a·k·e—

1 煮鵪鶉蛋

在沸騰的水中加入少許粗鹽，將鵪鶉蛋煮熟後剝殼。

2 準備配料

將青龍椒洗淨，體型較大者斜切成半，大蒜切成薄片。

3 調味

將調味材料全數放入鍋中，再加進鵪鶉蛋及蒜片，以小火慢燉約10分鐘，使湯汁變得濃稠。

4 放入青龍椒

鵪鶉蛋入味後放入青龍椒，再以中火拌煮約3分鐘。

蔬菜雞蛋捲

TIME　　25分鐘

YIELD　　2人份

INGREDIENTS
雞蛋 4 顆
精鹽 少許
紅蘿蔔 ⅓ 根
細蔥 3 根
芝麻葉 4 片
食用油 適量

替代食材
紅蘿蔔▶甜椒

TIP
將蛋液加入精鹽打散並靜置約
2～3分鐘，可破壞蛋中的繫帶，
使蛋液更均勻融合，製作的蛋捲
更柔嫩。

── H·o·w ─T·o─ M·a·k·e ──────

冷卻後再切
可避免蛋捲
變形

1　製作蔬菜蛋液
將蛋液打入盆中並加進
適量精鹽，仔細打散後
靜置約2～3分鐘，再將
紅蘿蔔及細蔥切成碎末
狀一起拌勻。

2　準備芝麻葉
將芝麻葉洗淨，沿著葉
梗直向切半。

3　製作蛋捲
將平底鍋預熱後倒入食
用油，轉為小火並加進
蔬菜蛋液，鋪上切好芝
麻葉加熱。蛋液開始變
熟後，慢慢從邊緣處捲
起折疊。

4　切段
鍋中的蛋液捲起至一定
程度後，將邊緣處稍微
抬起，再倒進剩餘的蔬
菜蛋液，鋪上芝麻葉並
持續加熱，與上一步驟
製作的蛋捲接續捲起，
完成後靜置冷卻再切成
適當小段。

日式玉子燒

TIME　　25 分鐘

YIELD　　2 人份

INGREDIENTS

★主材料
雞蛋 4 顆
昆布高湯 2 匙
米酒 2 匙
鹽 0.3 匙
食用油 適量

★調味醬材料
白蘿蔔（泥狀）2 匙
醬油 0.5 匙

TIP

將昆布放入水中加熱至沸騰，再將昆布撈起後放涼，即為簡易的昆布高湯。

─H·o·w─T·o─M·a·k·e─

蛋液以扣�\網過濾，可便玉子燒口感細\柔軟

1 製作蛋液

將蛋液放入盆中仔細打散並用細篩網過濾，再放入昆布高湯、米酒、鹽混合拌勻。

2 製作蛋捲

將鍋子預熱並倒入少許食用油，轉為小火後少量多次倒進蛋液，持續以慢火加熱、捲起。

3 切段

將捲好的玉子燒以壽司竹簾裹起，以碗盤等物品輕壓定型，再切成適合食用的小段後盛盤。

4 製作調味醬

將白蘿蔔泥與醬油拌勻，適量鋪在玉子燒上。

菠菜蛋捲

TIME 30 分鐘

YIELD 2 人份

INGREDIENTS
菠菜 2 株（½ 把）
粗鹽 少許
雞蛋 4 顆
牛奶 ¼ 杯
麵粉 2 匙
第戎芥末籽醬 1 匙
帕瑪森起司粉 50g
精鹽、胡椒粉 少許
食用油 適量
甜辣醬 適量

替代食材
第戎芥末籽醬 ▶ 黃芥末醬
甜辣醬 ▶ 番茄醬

TIP
使用菠菜製成的蛋捲水分較多，
若喜歡較紮實的口感，可在完成
後以微波爐加熱 2 分鐘，或者以
180℃的烤箱烘烤約 5 分鐘。

—H-o-w—T-o—M-a-k-e—

> 大火會讓蛋捲變得
> 太硬，火太小則不
> 容易凝固並會產生
> 腥味

1 菠菜切末
在滾水中放入少許粗
鹽，汆燙菠菜約3分鐘後
撈起，完全瀝乾並切成
碎末狀，再以鹽調味。

2 菠菜蛋液
將切好的菠菜、蛋液、
牛奶、麵粉、第戎芥末
籽醬、帕瑪森起司粉、
精鹽、胡椒粉放入盆中
混合拌勻。

3 製作蛋捲
將平底鍋預熱後加入食
用油，轉為中火並倒進
調好的菠菜蛋液，加熱
至半熟後從邊緣處捲
起。

4 盛盤
將菠菜蛋捲切成適合食
用的小段後盛盤，搭配
甜辣醬一起享用。

韭菜蛋花湯

TIME　　30 分鐘

YIELD　　2 人份

INGREDIENTS

★主材料
雞蛋 2 顆
精鹽 少許
清酒 0.3 匙
韭菜 50g
紅辣椒 ½ 根
鰻魚露 0.3 匙
鹽、胡椒粉 少許
★鰻魚高湯材料
鰻魚（湯用）5 隻
昆布（5X5cm）1 片
水 3½ 杯

替代食材
鰻魚露▶蝦醬

How—To—Make

若沒有時間事先製
作鰻魚高湯，可直
接在湯中放少許乾
蝦一起煮

1 蛋液調味
將蛋液仔細打勻，再放
入鹽和清酒調味。

2 準備配菜
將韭菜以清水洗淨並切
成長約3cm的小段，紅辣
椒斜切成菱形片狀。

3 鰻魚高湯
選購尺寸適合熬湯的鰻
魚，切除頭部與內臟。
在鍋中放入3又½杯水、
昆布及鰻魚一起加熱，
沸騰後轉為中火持續滾
煮約5分鐘，再以細篩網
過濾。

4 烹煮
將鰻魚露及韭菜放入鰻
魚高湯中滾煮約1分鐘，
接著倒入蛋液拌煮約2
分鐘。蛋液全熟後放進
紅辣椒、鹽和胡椒粉調
味，再稍微加熱一會兒
即可。

蛋絲蝦仁

TIME 30 分鐘
YIELD 2 人份
INGREDIENTS
★主材料
雞蛋 2 顆
精鹽 少許
糯米粉 2 匙
鮮蝦 6 隻
洋蔥 ¼ 顆
甜椒 ¼ 顆
青江菜 1 株
綠豆芽 1 把
鹽、胡椒粉 少許
食用油 適量
清酒 0.3 匙
韭菜 50g
★調味材料
蒜末 1 匙
蠔油 0.3 匙
魚露 1 匙
辣醬 1 匙
鹽、胡椒粉 少許
替代食材
魚露▶純醬油
TIP
這道料理是將雞蛋煎成薄片、切絲後
當作麵條使用。若想省略製作蛋絲的
步驟，可直接購買一般炒麵麵條替代。

——— H-o-w—T-o—M-a-k-e ———

1 製作蛋絲
將蛋液與少許精鹽一起
打勻，再放入糯米粉調
和。將調好的蛋液煎成
薄片狀，放涼後以規律
的寬度切成細條狀。

2 準備配菜
將蝦子去殼，洋蔥、甜
椒和青椒菜切成細條
狀，綠豆芽洗淨後瀝
乾。

3 拌炒
鍋子預熱後放入蒜末及
洋蔥以大火爆香約1分
鐘。接著加進蝦仁，以
大火翻炒約2分鐘，再將
切好的甜椒、青江菜、
綠豆芽、蠔油、魚露、
辣醬一起拌炒約3分鐘。

4 調味
最後放入切好的蛋絲拌
勻，以鹽和胡椒粉調
味。

195

Chapter 4

穀物及豆製品料理
31 道

小時候每次偷偷用筷子夾掉飯裡的豆子，就會被長輩責罵。各式各樣的穀物飯也不喜歡，只想吃香甜的白飯。本來以為長大也不會接受，沒想到現在每天都在吃自己煮的五穀飯。在多數人的心目中，白飯的香甜味才是所謂的好吃，但只要用心品嚐過黃豆、紅豆、小米、高粱等營養穀物，也會愛上它們天然的風味。

　　我通常會在盛產的特定地區預訂白米或五穀，農家就會立即將穀物精製後宅配寄來，或者是拜託住在附近、家裡有種稻的長輩，利用家中的機器幫忙脫殼、碾米。至於黑豆或黃豆都在自家庭院種植收成，若不足以釀製醬油或味噌醬，則會在盛產季節向鄰居長輩或者有在務農的親戚購買。

　　每種穀物都有其特有的風味，我最偏好糯米，不管是口感或滋味。糯米適合煮成米飯或粥品，磨成粉還能變化成八寶糯米飯、湯圓、蛋糕、涼糕等點心的製作原料。

五穀飯

TIME 30 分鐘

YIELD 2 人份

INGREDIENTS
紅豆 ¼ 杯
黑豆 2 匙
糯米 1 杯
穀物（麥、薏仁、玄米、高粱）
¼ 杯
精鹽 少許
水 1 杯

替代食材
黑豆▶腰豆

TIP
糯米應先泡水靜置，紅豆以滾水
煮過，再與其他穀物拌勻，使用
蒸籠或電鍋加熱約 20 分鐘。

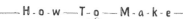

H.o.w—T.o—M.a.k.e

時間較緊迫時，可
事先煮味冷藏，或
看便用壓力鍋加速
滾煮時間

若步驟 1 剩餘紅豆
水足夠，可將此步
驟中的清水巴以紅
豆水替代

1 滾煮紅豆
將紅豆及足量的清水放
入鍋中，加熱沸騰後將
水倒掉。再次放入3杯水
加熱，持續中火滾煮約
20分鐘使紅豆全熟，將
紅豆撈起瀝乾，剩餘的
水另存備用。

2 浸泡黑豆
黑豆洗淨後浸泡清水1小
時以上。

3 浸泡穀物
糯米、麥、薏仁、玄
米、高粱各自洗淨後，
浸泡清水10分鐘以上。

4 煮飯
將處理好的紅豆、黑豆
與其他穀物放入鍋中拌
勻，再加入少許精鹽、1
杯紅豆水、1杯清水大略
攪拌一下。以大火滾煮
約5分鐘後，轉為中火煮
5分鐘，最後再轉為小火
燜煮4分鐘。

南瓜營養飯

TIME 30 分鐘

YIELD 2 人份

INGREDIENTS
栗南瓜 1 顆
糯米 1 杯
小米 ¼ 杯
銀杏 8 顆
大棗 2 顆
鹽 少許

TIP
南瓜應選購質地結實者，體型相近的南瓜應選擇重量稍微較輕，表示內部已熟成者，而非重量過於沉重者。尚未使用的南瓜應置於通風處保存。

How-To-Make

也可在蒸飯過程中先將南瓜蒸熟，將穀物飯填入南瓜再蒸熟約2～3分鐘，或者以微波爐回溫

1 處理南瓜
將南瓜從蒂頭處橫向剖開，以湯匙挖除南瓜籽。

2 準備穀物
將糯米及小米洗淨，浸泡清水約10分鐘後以篩網瀝乾。

3 煮飯
在壓力鍋中放入泡好的糯米、小米以及銀杏、大棗、少許鹽，先以大火滾煮約2～3分鐘，轉為中火再煮約3分鐘，最後轉為小火燜煮約2分鐘。

4 填入南瓜內
待煮好的穀物飯稍微冷卻後，緊實填入南瓜中，再放入預熱好的蒸籠中加熱約10分鐘，完成後切成適合食用的塊狀。

橡果凍湯飯

TIME 　　20 分鐘

YIELD 　　2 人份

INGREDIENTS

★主材料
白菜泡菜 100g
橡果凍 1 盒
白飯 1 碗
香油 少許

★配菜材料
海苔 1 片
白芝麻、蘿蔔芽、紅辣椒 少許

★高湯調味材料
鯷魚高湯 4 杯
玉筋魚露 1 匙
醋 2 匙
糖 2 匙
鹽 0.3 匙

TIP
將 4 杯水、湯物用的鯷魚 5 ～ 6 隻、昆布 1 片、洋蔥 ¼ 顆放入鍋中滾煮約 5 分鐘,再將鯷魚、昆布及洋蔥撈出,即為簡易的鯷魚高湯。

───H·o·w─T·o─M·a·k·e───

以橡樹果實製成的橡果凍,切成長條狀不僅外型好看,也易於用筷子夾取

1 準備泡菜
將大白菜泡菜切成小塊,加入少許香油拌勻。

2 準備橡果凍
將橡果凍以一定的寬度切成長條狀。

3 製作湯底
事先熬煮鯷魚高湯並冷卻後,置於冰箱冷藏。

4 調味
在冰涼的鯷魚高湯中放入調味材料拌勻。另外將白飯、橡果凍、泡菜及配菜依序盛入碗中,最後淋上高湯。

蛋絲飯捲

TIME　　30 分鐘

YIELD　　2 人份

INGREDIENTS

★ 主材料

飯 1½ 碗

紅蘿蔔（長 6cm）1 塊

小黃瓜 ½ 根

鹽 少許

雞蛋 2 顆

醃蘿蔔 少許

牛蒡 ½ 根

飯捲海苔 2 張

食用油 少許

★ 牛蒡絲調味材料

紫蘇油 少許

醬油 1 匙

水飴 0.5 匙

─ H-o-w─T-o─M-a-k-e ─────────

食材經過各自炒熟及調味後，白飯可看略添加調味品的步驟。

1 準備食材

將紅蘿蔔切絲，小黃瓜去籽後切絲，再各自以食用油炒熟並以鹽調味。另外準備1又½碗的熱飯。

2 準備蛋絲、醃蘿蔔

將蛋液煎成薄片，再切成與紅蘿蔔相近的細絲狀，醃蘿蔔也切成類似尺寸。

3 拌炒牛蒡

以刀背刮除牛蒡外皮後切絲，下鍋以紫蘇油稍微拌炒，再加進醬油及水飴拌煮入味。

4 製作飯捲

將白飯薄鋪在海苔上，適量擺上準備好的所有食材，再小心捲起成型。

手指飯捲

TIME 30 分鐘

YIELD 2 人份

INGREDIENTS

★主材料
長條形醃蘿蔔 2 條
紅蘿蔔 ¼ 根
食用油 適量
鹽 少許
白飯 2 碗
海苔 4 片
芝麻葉 4 片

★白飯調味材料
鹽、香油、芝麻 少許

★芥末醋醬材料
黃芥末醬 0.3 匙
醬油 0.3 匙
醋 1.5 匙
糖 0.5 匙
煉乳 0.5 匙

—H·o·w—T·o—M·a·k·e—

1 準備食材

將飯捲專用的長條形醃
蘿蔔切成3等分,紅蘿蔔
切絲,下鍋以食用油炒
熟並以鹽調味。

2 飯調味

準備溫熱的白飯,放入
鹽、香油、白芝麻拌
勻。將飯捲海苔切成4等
分,芝麻葉洗淨後直向
切半。

3 製作飯捲

將調味好的白飯均勻鋪
在海苔上,再覆蓋醃蘿
蔔、紅蘿蔔、芝麻葉後
小心捲起。另外將芥末
醋醬材料依照上述分量
調勻,搭配飯捲享用。

特色魚乾飯捲

TIME 　　30 分鐘

YIELD 　　2 人份

INGREDIENTS

★主材料
醃蘿蔔 60g
魚乾絲 50g
白飯 2 碗
海苔 4 片

★餡料調味材料
辣椒粉 0.5 匙
香油 0.5 匙
蒜末 0.5 匙
蒜末 1 匙
芝麻鹽 0.5 匙

★飯調味材料
鹽、紫蘇油、芝麻 少許

替代食材
魚乾絲▶明太魚乾絲

───H·o·w──T·o──M·a·k·e───

1 準備食材
將醃蘿蔔切成細絲，魚乾也以剪刀剪成細條狀。

2 製作餡料
將餡料調味材料全數混合，再放入醃蘿蔔絲和魚乾絲拌勻。

3 飯調味
準備溫熱的白飯，加入鹽、香油、白芝麻拌勻，飯捲海苔剪成4等分。

4 製作飯捲
將調味好的白飯均勻鋪在海苔上，適量擺上醃蘿蔔絲和魚乾絲，再小心捲起。

203

堅果紫米飯

TIME 30 分鐘

YIELD 2 人份

INGREDIENTS

糯米 ¼ 杯
紫米 3 匙
花生 ½ 杯
水 ½ 杯
水 3 杯
鹽 少許

替代食材

花生▶胡桃、松子、杏仁果

─H·o·w─T·o─M·a·k·e─

1 準備糯米、紫米

將糯米及紫米洗淨，浸泡清水約30分鐘。

花生若不經過加熱而直接生食，可能會產生特殊的土腥味，應事先蒸熟或炒熟再使用

2 準備花生仁

將花生仁洗淨，浸泡清水約1小時以上，再與½杯水一起使用食物調理機打碎。

3 煮粥

將泡好的糯米、紫米和3杯水放入鍋中，以大火加熱沸騰，接著轉為小火熬煮約15分鐘。

4 調味

紫米煮熟軟化後，放入打碎的花生並以中火加熱，傳出陣陣香氣後以鹽調味。

五色年糕湯

TIME　　30 分鐘

YIELD　　2 人份

INGREDIENTS

★主材料

五色年糕 2 杯

牛肉（絞肉）50g

大蔥 ¼ 根

雞蛋 1 顆

精鹽 少許

海苔絲 少許

昆布高湯 3 杯

純醬油 1 匙

精鹽、胡椒粉 少許

★牛肉調味材料

醬油 0.5 匙

糖 少許

蔥末 0.5 匙

蒜末 少許

香油、胡椒粉 少許

替代食材

五色年糕 ▶ 小湯圓

TIP

也可用牛肉高湯替代。

── H-o-w ─ T-o ─ M-a-k-e ──

五色年糕是韓國節慶時常見的特色年糕

1 浸泡年糕

將五色年糕浸泡冷水約 10 分鐘後瀝乾。

2 炒牛絞肉

將牛肉調味材料調合，再放入牛絞肉拌勻。將平底鍋預熱後以大火翻炒約 2 分鐘。

3 準備配料

將大蔥直接切成圓形蔥花，蛋液放入少許鹽拌勻，煎成薄片形狀後切成細長條。

4 調味

在鍋中倒入昆布高湯及純醬油，以大火加熱沸騰後放進五色年糕，持續用大火滾煮約 5 分鐘。年糕煮熟後以精鹽和胡椒粉調味，盛盤後鋪上炒好的牛肉、蔥花、蛋絲和海苔絲。

泡菜湯冷麵

TIME　　25 分鐘

YIELD　　2 人份

INGREDIENTS

★主材料
小黃瓜 ½ 根
粗鹽 少許
細麵 ⅔ 把（160g）
芝麻鹽 少許
★泡菜湯調味材料
泡菜湯汁 1 杯
水 1 杯
辣椒醬 2 匙
醋 2 匙
糖 2 匙
鹽 少許

替代食材
小黃瓜▶甜椒

TIP
細麵用 5 倍以上的水滾煮，沸騰
漲起後再倒入 1 杯冷水重新加熱，
可使麵條口感富有彈性。

─ H·o·w ─ T·o ─ M·a·k·e ─

小黃瓜片盡量
切成相近的厚
度，使鹽分均
勻吸收

可根據泡菜湯
汁本身的味道
強度調整鹽量

1 處理小黃瓜
將小黃瓜斜切成片狀，
撒上粗鹽靜置約5分鐘，
再用手擠乾水分。

2 煮麵
在滾水中加入粗鹽和麵
條，沸騰後倒進1杯冷
水。再次滾起後確認麵
條是否全熟。煮熟的麵
條撈起後，以冷水沖洗
再置於篩網瀝乾。

3 製作泡菜湯
將泡菜湯調味材料拌
勻。

4 完成
將瀝乾的麵條盛入碗
中，鋪上小黃瓜片並撒
上芝麻鹽，接著淋入泡
菜湯。

泡菜拌麵

TIME 30 分鐘

YIELD 2 人份

INGREDIENTS

★主材料
細麵 1 把（200g）
粗鹽 少許
櫛瓜 ½ 根
食用油 適量
白菜泡菜 200 g（約 ¼ 顆）

★泡菜調味材料
梨（泥狀）½ 杯
泡菜湯汁 ½ 杯
醬油 1 匙
鹽、香油、芝麻 少許

替代食材
梨 ▶ 白蘿蔔

— H-o-w —T-o— M-a-k-e

假若櫛瓜在拌炒前先調味，會因為鹽分而出水，喪失清脆口感。

可使用白蘿蔔泡菜或白菜泡菜的湯汁

1 煮麵
在滾水中加入粗鹽和麵條，沸騰後倒進1杯冷水，再次滾起後確認麵條是否全熟。煮熟的麵條撈起後，以冷水沖洗再置於篩網瀝乾。

2 拌炒櫛瓜
將櫛瓜切成細條狀，平底鍋預熱後倒進適量食用油，櫛瓜拌炒軟化後再以鹽調味。

3 泡菜調味
將白菜泡菜切成小塊，將調味材料全數加入調合。

4 完成
將煮好的麵條放入盆中，加進櫛瓜輕輕攪拌，再和調味好的泡菜丁拌勻。

207

黃豆湯冷麵

TIME 30 分鐘

YIELD 2 人份

INGREDIENTS

黃豆 1 杯
水 5 杯
番茄 ½ 顆
小黃瓜 ¼ 根
細麵 1 把（200g）
粗鹽 少許

替代食材

細麵 ▶ 刀削麵

TIP

黃豆又稱為大豆，清洗時應注意
是否有損壞或腐敗的豆子，洗淨
後應充分浸泡再使用。

──H-o-w—T-o—M-a-k-e──

> 若黃豆沒有均勻打成
> 湯汁狀而在篩網中殘
> 留過多，可與少許湯
> 汁一起重新放入調理
> 機中重複步驟

> 稍微滾煮，可達
> 到消除豆腥味
> 的效果

1 煮豆子

清洗黃豆並將損傷者挑
除，洗淨後浸泡水中約4
小時，再將黃豆放入鍋
中滾煮約5～8分鐘。

2 製作黃豆湯汁

將黃豆與1杯水放入食物
調理機中打碎，再加入4
杯水持續打成湯汁狀。
接著使用細篩網過濾，
放入冰箱冷藏備用。

3 準備配料

將番茄直向切成8等分，
小黃瓜切成細絲狀。

4 煮麵

將麵條以滾水煮熟並用
冷水浸洗，再以篩網瀝
乾後盛入碗中。倒入適
量的冰涼黃豆湯，鋪上
番茄切片及小黃瓜絲，
視情況以鹽調味後享
用。

辣味噌刀削麵

TIME   30 分鐘

YIELD   2 人份

INGREDIENTS

★主材料

刀削麵條 200g
櫛瓜 ¼ 根
洋蔥 ¼ 顆
馬鈴薯 ¼ 顆
辣椒醬 3 匙
味噌醬 1 匙
白芝麻 少許

★高湯材料

乾鯷魚 5 隻
水 6 杯

替代食材

乾鯷魚▶幼沙丁魚、鯷魚、蝦

TIP

若直接將麵條放入湯中，會因為
澱粉成分而變得濃稠，若喜歡清
爽的口感，可將麵條另外以滾水
煮到半熟後使用。

—H·o·w—T·o—M·a·k·e—

以鯷魚煮成的高
湯會具有相當明
顯的香甜味喔

1 製作高湯

在鍋中放入6杯水及鯷魚
乾，以滾水加熱約10分
鐘，接著撈出魚乾並以
細篩網過濾高湯。

2 準備配菜

將櫛瓜、洋蔥、馬鈴薯
切絲。

3 湯底

將事先煮好的高湯倒入
鍋中加熱，滾起後放進
辣椒醬及味噌醬調勻。

嚐試後若味道太
淡，可加鹽調整，
享用時也可依喜
好搭配海苔粉喔

4 煮麵

湯底加熱沸騰後放入刀
削麵條、櫛瓜、洋蔥、
馬鈴薯，以大火滾煮約5
分鐘，再轉成中火煮2～
3分鐘，享用前撒上少許
白芝麻。

雞肉米麵

TIME　　30分鐘

YIELD　　2人份

INGREDIENTS

★主材料

雞腿 2 根

米麵 140g

綠辣椒、紅辣椒 少許

綠豆芽 2 把

檸檬 少許

圓片形蔥花 適量

辣醬 少許

★燉煮雞肉材料

洋蔥 ¼ 顆

大蔥 ½ 根

蒜 2 瓣

胡椒粒 3 ～ 4 顆

水 6 杯

★湯底調味材料

天然牛肉粉 0.5 匙

魚露 2 匙

鹽、胡椒粉 少許

★洋蔥調味材料

洋蔥 ½ 顆

醋 2 匙

糖 1 匙

鹽 0.3 匙

─ H·o·w─T·o─M·a·k·e ───

若事先將雞肉燉煮好備用，料理時間可以縮減20～30分鐘喔

1 燉煮雞肉

將雞腿的骨、肉分離，把燉煮材料、雞肉、雞骨、6杯水放入鍋中以大火加熱，開始沸騰後轉為中火持續燉煮20分鐘。

2 湯底調味

雞肉煮熟軟化後將鍋中的食材撈起，將雞肉剝成適口大小，湯底以細篩網過濾後加入湯底調味材料拌勻。

3 準備配料

洋蔥切成細條狀，拌入洋蔥調味材料後靜置5分鐘。綠辣椒與紅辣椒直接切圓形蔥花狀。

若事先將雞肉燉煮好備用，料理時間可以縮減20～30分鐘喔

4 調味擺盤

米麵浸泡冷水約10分鐘，以滾水汆燙約3分鐘後瀝乾，倒進步驟2調味好的湯底，鋪上剝成小塊的雞肉及蔥花。將綠豆芽、步驟3的配料、檸檬、辣醬一起擺盤上桌。

香辣涼拌米麵

TIME 25分鐘

YIELD 2人份

INGREDIENTS

★主材料

米麵（細）50g
鮮蝦仁 ½ 杯
精鹽 少許
洋蔥 ¼ 顆
綠辣椒、紅辣椒 各 ½ 根
鹽、胡椒粉 少許
黑芝麻 少許

★調味材料

辣椒醬 2 匙
魚露 0.5 匙
醋 1 匙
糖 1 匙
檸檬汁 1 匙

替代食材

鮮蝦仁 ▶ 魷魚

TIP

米麵可仿效泰式米粉的涼拌做
法、搭配越南米紙捲成為配料，
或者替代韓式炒牛肉中的冬粉，
用途廣泛多變。

—— H-o-w —T-o —M-a-k- ——

若選購已汆燙過的
鮮蝦仁，可縮短下
鍋煮熟的時間

洋蔥浸泡冷水可維
持清脆口感，但若
時間緊迫可省略此
步驟

1 煮麵

將米麵浸泡冷水約10分
鐘後，以滾水汆燙約2
分鐘，再以篩網撈起瀝
乾。

2 煮蝦

將鮮蝦仁放入加了少許
精鹽的滾水中，稍微煮
約2分鐘後撈起，瀝乾後
完全放涼。

3 準備配料

洋蔥切成細條狀，浸泡
冷水約2分鐘後瀝乾。綠
辣椒與紅辣椒先切半再
切絲。

4 調味

將調味材料混合，加入
米麵、蝦仁、洋蔥、綠
辣椒、紅辣椒拌勻，再
以鹽和胡椒粉調味，最
後盛入碗中並撒上適量
黑芝麻。

豬肉什錦炒麵

TIME 20 分鐘

YIELD 2 人份

INGREDIENTS

★主材料

烏龍麵 2 人份

豬肉（里肌肉、腰內肉）150g

高麗菜葉 2 片

紅蘿蔔 少許

洋蔥 ½ 顆

青椒 ½ 顆

綠豆芽 1 把

食用油、辣油 適量

蒜末 2 匙

柴魚片 少許

★調味材料

XO 醬 2 匙

蠔油 1 匙

鹽、胡椒粉、芝麻鹽 少許

替代食材

XO 醬▶豆瓣醬

TIP

若沒現成的辣油，可將足量的食用油加熱至 140℃左右再放入粗辣椒粉，讓辣椒粉沉澱後以細篩網或棉布過濾使用。少量製作可將所需分量的食用油在鍋中加熱，放入辣椒粉拌炒後使用。

—— H·o·w —T·o— M·a·k·e ——

1 煮麵

將烏龍麵以滾水汆燙後瀝乾。

2 準備食材

將豬肉、高麗菜葉、紅蘿蔔、洋蔥及青椒以規律的寬度，各切成相似的細條狀，綠豆芽洗淨瀝乾。

3 拌炒配料

平底鍋預熱後倒入食用油、辣油及蒜末，以大火爆香約1分鐘，放入豬肉絲翻炒約2分鐘，再加進高麗菜、紅蘿蔔與洋蔥，以大火拌炒約1分鐘。

XO醬通常會在香辣基底中拌入干貝乾或蝦米增添鮮甜風味，主要使用於熱炒類料理

4 調味

放進烏龍麵及調味材料並攪拌約2分鐘，再放入青椒和綠豆芽翻炒約1分鐘，盛盤後撒上適量柴魚片。

泰式金邊粉

TIME　　　25 分鐘

YIELD　　　2 人份

INGREDIENTS

★主材料

米麵 100g

雞胸肉 1 塊

蝦米 2 匙

洋蔥 ¼ 顆

綠豆芽 2 把

蒜 2 瓣

綠辣椒 ½ 根

紅辣椒 ½ 根

細蔥 4 株

雞蛋 1 顆

食用油 適量

水 ¼ 杯

★調味材料

魚露 2 匙

辣醬 1 匙

清酒 1 匙

鹽、胡椒粉 少許

替代食材

辣醬 ▶ 辣椒粉

How To Make

若事先將米麵瀝乾
容易再次乾潤，最
好在其他配料準備
完成後進行

1 準備食材

選用較寬的米麵，浸泡冷水30分鐘後瀝乾。雞胸肉切成適當的塊狀，蝦米挑除雜質，蛋液拌勻後製成炒蛋。

2 準備配菜

將洋蔥切成細條狀，綠豆芽以清水洗淨，蒜瓣切成薄片。綠辣椒及紅辣椒切半再切絲，細蔥切成適合食用的小段。

3 拌炒

以食用油熱鍋後放入蒜片爆香約1分鐘，放進雞胸肉及乾蝦米翻炒約2分鐘。加進洋蔥拌炒至軟化後先推至鍋邊，將米麵放在另一側以大火熱炒約2～3分鐘。

4 調味

倒進¼杯水並攪拌約2分鐘，放入調味材料炒勻。加進綠豆芽炒約2分鐘，再拌入綠辣椒、紅辣椒、細蔥，最後加上炒蛋，並以鹽和胡椒粉調味。

蕎麥涼麵

蕎麥在初秋之際，會開出宛若雪霜的白色小花。賞花之餘，最重要的就是藉機品嚐當季的蕎麥麵。搭配香辣醬料的蕎麥拌麵，更是其中不可錯過的美味。

貧瘠之地也能大肆生長的蕎麥，曾是大環境青黃不接時期的重要糧食，現在則是廣受大眾喜愛的平民美食。韓式蕎麥麵經常搭配生蘿蔔絲，日本則普遍佐以蘿蔔泥，這是因為蘿蔔具有解除蕎麥含有的毒素之效；常用來調製醬料的山葵，則可緩和蕎麥的寒性。適量的山葵、白蘿蔔絲或各式白蘿蔔泡菜，讓人安心品嚐最經典又不傷身的蕎麥料理。

TIME 30分鐘

YIELD 2人份

INGREDIENTS

★主材料

蕎麥麵（乾）150g

粗鹽 少許

小黃瓜 ¼根

高麗菜葉 2片

紫色高麗菜葉 1片

芝麻葉 3片

紅生菜 3片

紅蘿蔔（長5cm）1塊

水煮蛋 1顆

花生 1匙

葡萄乾 2匙

香油 少許

★調味材料

山葵 0.5匙

醋 3匙

細辣椒粉 3匙

蒜末 0.3匙

洋蔥汁 2匙

醬油 2匙

透明汽水 2匙

糖 2匙

水飴 1匙

芝麻鹽 1匙

昆布高湯 ¼杯

精鹽 少許

替代食材

水煮蛋▶雞胸肉（罐頭）

TIP

蕎麥麵分成乾燥及生麵兩種，乾燥的麵條須持續攪拌避免相互沾黏，但生麵若在煮熟前過度攪拌，反而會容易斷裂。此道料理的步驟也可用韓國冷麵麵條替代，變化成另一種口感。

── H·o·w─T·o─M·a·k·e ──

> 麵條添加適量香油可有效防止沾黏，與配料攪拌享用時也不容易結塊

1 煮麵

在滾水中加入少許粗鹽，放入蕎麥麵加熱至重新沸騰，以筷子輕輕畫圈攪拌，滾煮約5分鐘後撈起，以冷水沖洗約3次，再用篩網瀝乾。

2 拌入香油

瀝乾的蕎麥麵加入香油拌勻。

3 準備配料

將小黃瓜斜切成片後再切絲，高麗菜葉、紫色高麗菜葉、芝麻葉、紅生菜及紅蘿蔔也都切絲，浸泡冷水約5分鐘後撈起瀝乾。

4 準備雞蛋及花生

將水煮蛋剝殼後切成4等分，用廚房紙巾墊在下方再將花生切碎。

> 冷藏約需20分鐘，若時間緊迫可放入冷凍降溫約5分鐘完成

5 製作醬料

先將山葵與醋仔細調和，再將剩餘的調味材料全數放入拌勻，靜置冰箱冷藏。

6 盛盤

選用較大的盤子，將蕎麥麵與環繞它的各種配料擺放盤中，均勻淋上醬料，享用前拌勻。

咖哩烏龍麵

TIME　　20 分鐘

YIELD　　1 人份

INGREDIENTS
烏龍麵 1 包
洋蔥 ¼ 顆
大蔥（蔥綠部分）¼ 根
綠辣椒 ½ 根
水 2 杯
米酒 0.5 匙
牛肉（火鍋肉片）80g
咖哩醬包 1 包
鹽、胡椒粉 少許

替代食材
烏龍麵▶義大利麵

─── H·o·w─T·o─M·a·k·e ───

牛肉可使用里肌肉
或適合湯物料理的
肉片

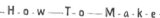

麵條放入滾水中，
等水重新沸騰後輕
輕攪拌約2分鐘

可使用市售的咖哩
醬包或咖哩粉，放
入時注意整體濃度
與鹹度

① 煮麵
以滾水稍微汆燙烏龍麵
後撈起瀝乾。

② 準備配菜
將洋蔥切成細條狀，大
蔥斜切成菱形薄片，綠
辣椒直切成圓形薄片。

③ 煮湯
在鍋中放入2杯水、米
酒、切好的洋蔥，以大
火滾煮約2分鐘，接著放
入牛肉再煮約3分鐘，同
時持續將表面的泡沫撈
除。

④ 放入咖哩
加入咖哩拌勻後再煮一
會兒，完成咖哩湯。另
外將煮好的麵條放入碗
中，倒入咖哩湯，最後
鋪上切好的大蔥與綠辣
椒。

柴魚湯蕎麥冷麵

TIME 15 分鐘

YIELD 2 人份

INGREDIENTS
★主材料
蕎麥麵 150g
粗鹽 少許
紅生菜 2 片
韭菜 少許
海苔、蘿蔔芽 少許
山葵、蘿蔔泥 適量
★柴魚湯材料
柴魚醬汁（市售）½ 杯
水 3 杯

替代食材
蕎麥麵▶白細麵、烏龍麵

TIP
若要自製柴魚湯，可將 2 杯水和
1 片昆布（10X10cm）加熱至完
全沸騰，再放入 1 把柴魚片，重
新滾起後關火。待柴魚片沉澱完
畢後以篩網過濾，加入醬油、米
酒、糖等調味，冷卻後即可使用。

─ H·o·w ─T·o─ M·a·k·e ──────

若事先調好冷
藏保存，可使
用約1星期

1 製作柴魚湯
將½杯柴魚醬汁和3杯水
調和，置於冰箱冷藏。

2 準備配菜
紅生菜切成細條狀，韭
菜切成適當的小段。

3 煮蕎麥麵
在滾水中加入少許粗
鹽，放進蕎麥麵並重新
沸騰後，以筷子輕輕攪
拌滾煮約5分鐘，將麵條
撈起以冷水沖洗冷卻，
再用篩網瀝乾。

4 完成
將蕎麥麵放入碗中，鋪
上紅生菜及韭菜，淋入
柴魚湯，再根據喜好搭
配海苔、蘿蔔芽、山葵
及蘿蔔泥享用。

奶醬義大利麵

TIME 25 分鐘

YIELD 2 人份

INGREDIENTS
圓直麵 150g
粗鹽 少許
培根 2 片
蘑菇 3 朵
洋蔥 ¼ 顆
青花菜 ¼ 顆
蒜末 1 匙
鮮奶油 2 杯
橄欖油 適量
鹽、胡椒粉 少許

替代食材
圓直麵 ▶ 筆管麵、螺旋麵、蝴蝶麵

─H·o·w─T·o─M·a·k·e─

義大利麵條
煮熟後無須
用冷水沖洗

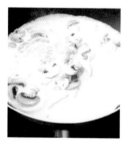

1 煮麵
在滾水中加入少許粗鹽，滾煮麵條約8分鐘，再用篩網撈起瀝乾。

2 準備配菜
將培根、蘑菇、洋蔥切成適口大小，青花菜放入沸騰的淡鹽水中汆燙，再切成適當的小朵。

3 拌炒
以橄欖油熱鍋，首先爆香蒜末約1分鐘，散發濃郁香氣後放入培根炒1分鐘，再加進洋蔥及蘑菇，用大火拌炒約2分鐘後倒進鮮奶油。

4 調味
鮮奶油加熱滾起後轉為中火煮約5分鐘，放進煮好的麵條和青花菜，最後以鹽和胡椒粉調味。

羅勒青醬筆管麵

TIME　　　25 分鐘

YIELD　　　2 人份

INGREDIENTS
義大利麵（筆管麵）100g
粗鹽 少許
蒜 3 瓣
小番茄 6 顆
橄欖油 適量
羅勒青醬 ¼ 杯
鹽、胡椒粉 少許

替代食材
小番茄 ▶ 甜椒

TIP
將羅勒、橄欖油、松子、蒜等材料以食物調理機打成泥，再用精鹽和胡椒粉調味，即為義大利料理常見的青醬。若無法自製，可直接使用市售商品。

—H-o-w—T-o—M-a-k-e—

放入青醬後不用翻炒太久

筆管麵的特色是空心的造型裡可沾附大量的醬汁和配料

1 煮麵
在滾水中加入少許粗鹽，持續滾煮筆管麵約8分鐘，用篩網撈起後直接靜置瀝乾。

2 準備配菜
蒜可切成碎末或薄片，小番茄切成4等分。

3 拌炒
平底鍋預熱後倒入橄欖油，爆香大蒜約1分鐘，散發香氣後放入筆管麵與羅勒青醬，以大火拌炒約2分鐘。

4 調味
接著放入切好的番茄拌勻，最後以鹽和胡椒粉調味。

韓式家常炸醬麵

TIME 30 分鐘
YIELD 2 人份
INGREDIENTS
★主材料
麵條 2 人份
豬肉（里肌）100g
高麗菜葉 2 片
洋蔥 1 顆
大蔥 ¼ 株
小黃瓜 ¼ 根
蒜末 2 匙
生薑末 少許
食用油 2 匙
鹽、胡椒粉 少許
★炸醬材料
炒過的甜麵醬 3 匙
清酒 2 匙
蠔油 0.5 匙
醬油 0.5 匙
水 1 杯
糖 0.3 匙
太白粉水 少許
TIP
將甜麵醬與分量充足的食用油一起以小
火加熱攪拌，但兩者不會彼此融合，甜
麵醬會逐漸聚集成一團而與食用油呈現
分離的狀態，先這樣暫存備用，使用時
再撈起甜麵醬的部分。

※註：韓國的甜麵醬屬於半葑固的膏狀，要
先用油加熱軟化後使用，跟台灣常見的較唭
甜麵醬不同。

—H·o·w—T·o—M·a·k·e—

胡麵醬先過油
拌炒，更能展
現特有的香甜
與滑順口感

1 準備配料
將豬肉切成適當的塊
狀，高麗菜葉和洋蔥切
成適口大小，大蔥切成
蔥花，小黃瓜切成細
絲。

2 拌炒
將平底鍋預熱並倒入食
用油，以大火爆香大蔥
和蒜末約1分鐘，再放
入高麗菜葉和洋蔥翻炒約2
分鐘，接著加進豬肉炒2
分鐘，最後放入處理過
的甜麵醬拌炒約1分鐘。

3 調整濃稠度
放入清酒、蠔油、醬
油、1杯水一起加熱，煮
滾後加入糖再煮5分鐘，
接著緩緩倒入太白粉水
調整濃稠度，再以鹽和
胡椒粉調味。

4 完成
將麵條放入滾水中煮約5
分鐘，撈起並以冷水沖
洗，完全瀝乾後放入碗
中，淋上適量的炸醬，
最後鋪上小黃瓜絲。

韓式清麴醬湯

TIME　　　20 分鐘

YIELD　　　2 人份

INGREDIENTS

豆腐（鍋物用）¼ 盒
櫛瓜 ¼ 根
洋蔥 ¼ 顆
綠辣椒 ½ 根
紅辣椒 ½ 根
大蔥 ½ 根
鯷魚高湯 2 杯
白蘿蔔丁泡菜 1 杯
清麴醬 4～5 匙
白蘿蔔丁泡菜湯汁 3 匙
辣椒粉 1 匙

替代食材

白蘿蔔丁泡菜 ▶ 小蘿蔔泡菜、白
菜泡菜

TIP

韓國特有的清麴醬較不鹹，使用
足夠的分量才能展現發酵的香
氣。另外可使用少許的韓式味噌
醬替代泡菜湯汁來調味。

─ H-o-w ─T-o ─M-a-k-e ─

1 準備食材

將豆腐、櫛瓜、洋蔥切
成適當的塊狀，綠辣
椒、紅辣椒、大蔥斜切
成片。

2 煮湯

在鍋中放入鯷魚高湯加
熱，沸騰後加進白蘿蔔
丁泡菜及清麴醬，以大
火滾煮約5分鐘後，再轉
為中火煮5分鐘。

3 調味

蘿蔔丁煮熟至一定的程
度後，放入切好的櫛瓜
和洋蔥，拌煮約5分鐘再
放入豆腐，用蘿蔔丁泡
菜的湯汁調味，接著加
進辣椒粉再煮3分鐘。

4 放入辛香料

最後放進綠辣椒、紅辣
椒及大蔥再煮一會兒即
可。

醬煮黑豆

TIME   25 分鐘

YIELD   2 人份

INGREDIENTS

★主材料

黑豆 ½ 杯

白芝麻 少許

★調味材料

醬油 3 匙

糖 1 匙

水飴 0.5 匙

清酒 1 匙

水 1 杯

替代食材

黑豆▶羊栖菜

—H·o·w—T·o—M·a·k·e—

> 調味材料中的糖和
> 水飴易燒焦，加
> 熱時最好記得攪拌

1 浸泡黑豆

將黑豆洗淨，浸泡冷水約3～4小時。

2 煮熟

將浸泡完成的黑豆放入鍋中，倒入用來浸泡黑豆的水，以大火加熱至沸騰後轉為中火，再持續滾煮約10分鐘。

3 調味

黑豆煮熟後，依照上述分量加進調味材料，轉為小火燉煮約10～15分鐘。

4 入味

不斷以湯匙上下翻動鍋中的黑豆，使其能夠均勻受熱入味。持續燉煮至湯汁幾乎收乾，即可盛盤並撒上適量芝麻。

醬燉黃豆蒟蒻

TIME　　30 分鐘

YIELD　　4 人份

INGREDIENTS

★主材料
黃豆 ½ 杯
蒟蒻 ¼ 塊（150g）
昆布（10X10cm）1 片

★調味材料
醬油 5 匙
水飴 2 匙
糖 1 匙
米酒 1 匙
水 1 杯

替代食材
黃豆▶花生仁

—H·o·w—T·o—M·a·k·e—

投入滾水加熱約3
分鐘，可消除蒟蒻
特有的異味

可根據喜味
以黑豆或花
生仁替代黃
豆

1　浸泡黃豆
將黑豆洗淨，浸泡冷水
約30分鐘後瀝乾。

2　汆燙蒟蒻
將塊狀的蒟蒻切成適口
大小，以滾水汆燙。

3　剪昆布
將昆布剪成尺寸與蒟蒻
相似的小塊。

4　燉煮
將調味材料全數放入鍋
中，加進浸泡好的黃
豆、切成小塊的蒟蒻及
昆布，持續燉煮約10～
15分鐘，使醬汁收乾入
味。

味噌雞肉蓋飯

TIME 　　30 分鐘

YIELD 　　2 人份

INGREDIENTS

★主材料
玄米飯 2 杯
雞腿肉 2 塊
大蔥 1 根
食用油 適量
蒜末 0.5 匙
蘿蔔芽 ¼ 包
黑芝麻 少許
★味噌醬材料
韓式味噌醬 2 匙
米酒 1 匙
海鮮露 1 匙
水 ¼ 杯

替代食材

海鮮露 ▶ 蝦粉

TIP

鹹味較低的市售韓式味噌醬或日
式味噌，都比鹹度較重的傳統釀
製味噌醬適合此道料理。若使用
傳統味噌醬，應減少分量並增添
較多米酒。

—H·o·w—T·o—M·a·k·e—

蒜末的分量較少而
易焦煎。建議使
用直徑較小的鍋子

1 準備食材

將雞腿肉切成適合食用
的塊狀，大蔥剖半後切
成長約3cm的小段。

2 煎雞腿肉

平底鍋預熱後倒進食用
油，爆香蒜末約1分鐘，
散發香氣後平均鋪入雞
腿肉，正反兩面煎至微
焦，大蔥也一起放入鍋
中加熱。

3 製作味噌醬

依照上述分量將味噌醬
材料全數調和。

4 拌煮

直接將調好的味噌醬倒
進步驟2的平底鍋中，持
續拌煮至雞腿肉全熟。
另外將溫熱的玄米飯盛
入碗中，鋪上拌煮入味
的雞腿肉及蘿蔔芽，最
後撒上適量芝麻。

香辣豆腐

TIME　　30 分鐘

YIELD　　2 人份

INGREDIENTS

★主材料
豆腐（煎烤用）1 盒
精鹽 少許
太白粉 ⅓ 杯
食用油 適量
細蔥花 少許

★辣醬材料
番茄醬 6 匙
糖 3 匙
辣醬 1 匙
蒜末 0.5 匙
水 ¼ 杯

替代食材

豆腐 ▶ 蝦仁、雞肉、魚板

TIP

辣醬（Chili Sauce）有各式各樣
的品牌及風味，有的偏甜、有的
較辣，通常會根據料理需求選用，
此道料理的辣醬也可使用自己喜
愛的商品。

——H-o-w—T-o—M-a-k-e——

> 正反兩面各加熱約
> 2～3分鐘，即可呈
> 現微焦的黃金色澤

> 豆腐遇到鹽
> 分會自然排
> 出水分

1 調味豆腐

將豆腐切成適合食用的
小塊，撒上精鹽靜置約
10 分鐘，以廚房紙巾吸
除水分，再將每塊豆腐
均勻裹上太白粉。

2 煎豆腐

平底鍋預熱後倒入食用
油，將處理好的小塊豆
腐煎熟。

3 製作辣醬

將辣醬材料全數放入鍋
中拌勻加熱。

4 入味

鍋中的辣醬滾起後，放
入煎好的豆腐輕輕拌
勻，盛入容器中撒上適
量蔥花。

辣炒豆腐

心血來潮時，特地將黃豆浸泡軟化，放入傳統大鐵鍋中，以滷水煮成豆腐，就當作是特別的紀念日，趁豆腐熱騰騰的時候分送給親友鄰居。剛煮好的豆腐製成各種料理都美味無窮，但冷卻後可能會讓你有點小失望，其實只要適當煎烤加熱，或與調味醬一起燉煮，就能重拾當初的美味！各種以配料與辛香料乾炒的豆腐料理，不僅跳脫千篇一律的醬燉處理，更是讓人胃口大開的極品佳餚。

TIME	25分鐘
YIELD	2 人份

INGREDIENTS

★主材料
豆腐（煎烤用）1盒
精鹽 少許
太白粉 ¼ 杯
食用油 適量
洋蔥 ¼ 顆
綠辣椒 ½ 根
紅辣椒 ½ 根
香菇 1朵
金針菇 ¼ 包
蒜 2瓣
大蔥 ¼ 根
乾辣椒 1根
水 ½ 杯

★調味材料
辣油 2匙
醬油 1匙
糖 0.5匙
醋 0.5匙
鹽、胡椒粉 少許
香油 0.5匙

替代食材
豆腐▶茄子

TIP
選用以馬鈴薯為原料的太白粉，黏性適當而適合用於煎、炸料理，與水調和並用於調整醬湯濃度，色澤也光亮透明。

How—To—Make

1 準備豆腐
將豆腐切成厚約1cm、長與寬約3cm的長方體狀，以廚房紙巾吸除水分，撒上少許精鹽後均勻裹上太白粉。

2 煎豆腐
平底鍋預熱後倒入食用油，將處理好的豆腐塊初步加熱。

3 準備配料
將洋蔥、綠辣椒、紅辣椒、香菇切成寬約1cm的丁狀，金針菇切除根部，再切成長約1cm的小段。

4 準備辛香料
將蒜及大蔥切成較粗的碎末，乾辣椒切成長約1cm的小段並除去辣椒籽。

5 拌炒
以辣油預熱平底鍋，爆香蒜末、大蔥末、乾辣椒約1分鐘，放入醬油稍微攪拌，再加進切好的洋蔥、辣椒、香菇，以大火拌炒約2分鐘。

6 調味
倒入½杯水加熱，沸騰後以糖、醋、鹽、胡椒粉調味，放進煎過的豆腐及金針菇翻動拌勻，最後淋上少許香油並稍微翻炒。

油豆腐福袋鍋

許多喜愛吃餃類的家庭，不僅會自行桿皮、包餡，每次製作的餃類也不只是當下品嚐而已，而是大量捏製後冷凍保存，想吃的時候就能隨時享用。除了放入年糕湯或火鍋中作為配料，也能與各種魚板、丸類一起煮成專屬饗宴。這裡使用的油豆腐福袋，是將雞胸肉、牛絞肉、豬絞肉或者魷魚、花枝等餡料包進油豆腐裡束起，冷凍保存後直接加熱使用，無須擔心破裂也不必解凍。平常製作湯類或鍋物時隨手放幾個，可能會比鍋中原本的主材料更受矚目呢！

TIME 30分鐘	乾香菇 2朵	純醬油 1匙
YIELD 4 人份	雞胸肉 1塊	精鹽、胡椒粉 少許

INGREDIENTS

★主材料
油豆腐 12片
各式魚板 200g
海帶（綁油豆腐用）少許
白蘿蔔（長約2cm）1塊
綠豆芽 100g
粗鹽 少許
豆腐 ¼ 盒

★內餡調味材料
純醬油 0.5匙
鹽 0.3匙
蒜末 1匙
蔥末 1匙
香油 0.5匙
芝麻鹽 1匙

★湯底材料
水 5杯
蝦粉 1匙

替代食材
雞胸肉 ▶ 豬肉、牛肉

TIP
這裡不適合用豆皮壽司那種已調味油豆腐，應選購經過油炸處理後冷凍販售的油豆腐。剩餘的油豆腐可使用於湯類或涼拌類料理。

─ H·o·w ─T·o─ M·a·k·e ─

1 處理油豆腐
使用桿麵棍將每一片油豆腐壓平，放入滾水中迅速汆燙除去表面油分後，沿著其中一側將邊緣剪去，形成口袋的形狀。

2 準備配料
將各式魚板、竹輪等配料切成適口大小，海帶以清水洗淨後切成長絲狀，待會要用來綑綁油豆腐。

3 準備配料
將白蘿蔔切成細條，綠豆芽放入沸騰的淡鹽水中汆燙3分鐘，撈起後以冷水沖涼再瀝乾。豆腐放入棉布中吸除水分再均勻壓碎，乾香菇泡水軟化瀝乾後切成碎末。

4 製作內餡
雞胸肉切成絞肉狀，與綠豆芽、豆腐、乾香菇一起混合，加入調味材料仔細拌勻。

5 綑綁福袋
取適量內餡填入油豆腐中，再以海帶絲綑綁束口。

6 烹煮
將白蘿蔔、魚板、福袋等食材均勻擺放在淺鍋中，依照分量放入湯底材料一起加熱，煮滾後以鹽和胡椒粉調味。

可依照個人喜好搭配醬油或山葵醬享用

229

豬肉豆腐鍋

TIME 25 分鐘

YIELD 2 人份

INGREDIENTS

★主材料

嫩豆腐 1 盒
豬肉（頸部）100g
綠辣椒 ½ 根
紅辣椒 ½ 根
大蔥 ¼ 根
辣油 1 匙
水 1 杯
蝦醬 1 匙
蒜末 0.3 匙
鹽、胡椒粉 少許
雞蛋 1 顆

★豬肉調味材料

辣椒粉 1 匙
鹽、胡椒粉 少許

替代食材

豬頸肉 ▶ 豬腿肉
蝦醬 ▶ 純醬油

How To Make

1 豬肉調味

將豬肉切成適合食用的塊狀，加入調味材料拌勻。

2 準備配料

將綠辣椒、紅辣椒、大蔥切成圓形薄片，嫩豆腐從盒中取出並置於碗中備用。

3 烹煮

將砂鍋或湯鍋預熱，放入辣油以中火拌炒豬肉，再放入1杯水滾煮約7分鐘。

4 調味

以湯匙將嫩豆腐直接挖成小塊放入湯中，滾煮約3分鐘後加進綠辣椒、紅辣椒、大蔥、蒜末、蝦醬，煮約1分鐘再以鹽和胡椒粉調味，接著打入雞蛋後關火。

蛤蜊豆腐鍋

TIME 25 分鐘

YIELD 2 人份

INGREDIENTS

★主材料

嫩豆腐 1 盒（350g）

精鹽（吐沙用）少許

花蛤 100g

蝦仁 ½ 杯（50g）

大蔥 ¼ 根

辣油 1 匙

辣椒粉 0.5 匙

水 1 杯

鰹魚露 1 匙

蒜末 0.5 匙

鹽、胡椒粉、香油 少許

替代食材

鰹魚露 ▶ 純醬油

花蛤 ▶ 環文蛤、蛤蜊

How To Make

1 準備食材

將花蛤放入淡鹽水中吐沙後洗淨，蝦仁也以淡鹽水輕輕搖晃沖洗，大蔥斜切成菱形薄片。

2 拌炒

將砂鍋預熱並放入辣油及辣椒粉，以中火翻炒約1分鐘，再加進花蛤與蝦仁，轉為大火拌炒約2分鐘。

3 放入豆腐

加進 1 杯水和鰹魚露一起加熱，沸騰後以湯匙分次挖取嫩豆腐放入湯中，滾煮約5分鐘。

若沒有現成的鰹魚露商品，可使用鹽或純醬油替代

4 調味

嫩豆腐煮熟後撈起表面的泡沫，放入蒜末及大蔥稍微滾煮，再以鹽和胡椒粉調味，淋上適量香油後關火。

Chapter 5

泡菜、醬漬及醋漬小菜
19道

　　到世界各地旅遊時，總喜歡多方嚐試當地特有的食物，不會特別尋找自己國家風味的餐廳。但若旅遊時間超過一週，情況又不太一樣了。先不論個人喜愛的某種料理，韓國人一定會逐漸想念起道地的泡菜。真正的韓國人即便眼前擺滿充滿肉汁的火烤牛排、雙份起司的豐盛披薩、被譽為世界之最的鵝肝或松露，有可能還是會有「如果有一盤泡菜會更好」這種殺風景的想法。

　　同樣在韓國，每個地區製作泡菜的方法、使用的配料或調味品都不盡相同，但只要根據四季變換，採用當令最新鮮、合宜的食材，都是頂級美味的泡菜。本章介紹的泡菜類，都是步驟簡單、方便的項目，輕鬆就能變成令人讚賞的下飯小菜。醬漬或醋漬類也都可以大量製作後享用數天。

── TIP ──────────────────────

麵漿製作法（1 杯分量）

1. 在湯鍋中放入 1 杯水及 1 片昆布加熱煮沸。
2. 將 2 大匙麵粉與 3 ～ 4 大匙水仔細拌勻至沒有結塊。
※ 若直接將麵粉放入滾水中，會因嚴重結塊而無法攪散，應先以 3 ～ 4 匙水調和成麵糊狀，再一起倒入滾水中。若太過麻煩，也可將麵粉使用冷水全部調和後，再與昆布一起下鍋煮滾。
3. 將拌勻的麵糊放入步驟1的昆布湯中，拌煮均勻成乳白色的黏稠狀後靜置放涼。

蔥泡菜

TIME 　　 30 分鐘

YIELD 　　 2 餐份（2 人）

INGREDIENTS
細蔥 200g
鯷魚露 ¼ 杯
辣椒粉 ¼ 杯
麵漿 ⅛ 杯
蒜末 1 匙
粗鹽 1～2 匙
糖 0.3 匙
白芝麻 少許

TIP
將 ¼ 杯水和 0.3 匙麵粉調勻後煮滾，變成非常黏稠的麵漿後放涼備用。若製作麵漿太麻煩，也可省略。

─ H·o·w─T·o─M·a·k·e ─

> 麵漿的功用在於提升鮮甜味、消除食材可能帶有的腥氣

1 處理細蔥
切去細蔥的鬚根部，以流動的清水沖洗乾淨。

> 先將鯷魚露淋在應目的部分靜置，吸收入味一會兒後，再翻過來調味應綠的部分

2 調味
將洗淨的細蔥以鯷魚露調味靜置約30分鐘。

3 混合
將調味完成的細蔥取出，剩餘的鯷魚露加入辣椒粉及麵漿拌勻。

4 完成
辣椒粉完全融合後，加進蒜末、粗鹽、糖、芝麻均勻調和，最後放入細蔥仔細翻動混勻。

辣拌高麗菜

TIME　　　30 分鐘

YIELD　　　4 餐份（2 人）

INGREDIENTS

★主材料
高麗菜 ¼ 顆（300g）
小黃瓜 1 根
細蔥 50g（約 10 株）

★調味材料
辣椒粉 ½ 杯
蝦醬 2 匙
蒜末 2 匙
生薑泥 少許
粗鹽 2 匙
糖 1 匙

替代食材

高麗菜 ▶ 青江菜

TIP

高麗菜製成的泡菜無須發酵，可
與調味材料混合後直接享用，也
可冷藏保存約 10 日。若想品嚐
發酵過的熟成風味，夏季可靜置
室溫半天以下，春秋季靜置室溫
半天，冬天則可靜置約 1 日，再
放入冰藏保存。

—— H-o-w —T-o— M-a-k-e ——

小黃瓜若存放太久，
容易變得太老而不脆
口，若要大量製作並
長期保存，建議不放
小黃瓜

1 準備高麗菜

切除高麗菜的梗部，以
清水洗淨後切成適合食
用的塊狀。

2 準備小黃瓜及細蔥

將小黃瓜橫向剖半後，切
成寬約 2.5cm 的塊狀，細
蔥則切成長約 3cm 的小
段。

3 混合

將切好的高麗菜放入大
盆，加進辣椒粉仔細拌
勻，使辣椒粉完全沒有
結塊。再加入小黃瓜
塊、切碎的蝦醬、蒜
末、薑泥、細蔥段一起
翻攪混合。

4 調味

高麗菜及小黃瓜均勻裹
上調味材料後以鹽調
味，最後撒上糖並翻動
拌勻。

小黃瓜湯泡菜

TIME 40 分鐘

YIELD 4 餐份（2 人）

INGREDIENTS

★主材料
白菜葉 5 片
白蘿蔔（長 3cm）1 塊
粗鹽 2 匙
小黃瓜 1 根
水芹 ½ 根
細蔥 3 株
蒜 2 瓣
薑 少許

★湯汁材料
水 5 杯
辣椒粉 2 匙
梅醬 2 匙
精鹽 少許

替代食材
辣椒粉 ▶ 紅辣椒末

TIP
先醃於室溫熟成再冷藏，可在短時間內即時享用。若想存放幾天再品嚐，則應先放入冷藏慢慢發酵。靜置室溫約 1 日再放入冰箱，小黃瓜會變得酸甜入味而軟脆適中。

──H·o·w──T·o──M·a·k·e──

1 準備白菜與蘿蔔

將大白菜葉和白蘿蔔切成適當的四方塊狀，撒上粗鹽拌勻後靜置20分鐘。

2 準備其他配料

小黃瓜也切成四方塊狀，水芹與細蔥洗淨後切成長約2cm的小段，蒜及薑切成細絲。

3 製作湯汁

在盆中倒入5杯水，將辣椒粉包在棉布中浸入，轉為紅色的辣椒水後放入梅醬和鹽拌勻。

4 混合

在步驟1的白菜葉、白蘿蔔中加入小黃瓜、蒜絲及薑絲拌勻，倒進步驟3的湯汁，最後加進水芹和細蔥。

若想讓水芹保持清脆口感，可先將其他材料靜置發酵1日後，再加進水芹

蘿蔔芽拌小白菜

TIME　　　60 分鐘

YIELD　　　10 餐份（2 人）

INGREDIENTS

★主材料
蘿蔔芽 1 袋（1.5kg）
小白菜 1 袋（1kg）
洋蔥 ½ 顆
細蔥 1 把（20 株）
綠辣椒 2 根
紅辣椒 2 根
★鹽水材料
粗鹽 1½ 杯
水 2 杯
★調味材料
馬鈴薯 1 顆
水 10 杯
昆布（10X10cm）1 片
辣椒粉 ¼ 杯
蒜末 ¼ 杯
薑末 0.3 匙
粗鹽 7 匙

TIP

這項泡菜主要在夏季製作，完成後可
置於室溫約半天，再放入冷藏保存，
可持續享用 2 週左右。

─ H·o·w ─T·o─ M·a·k·e ─

靜置過程中可適時輕
輕翻動，讓鹽水浸泡
更平均。新鮮的椒蘿
蔔芽浸泡約30分鐘即
可撈起瀝乾

可依照個人
口味調整鹽
的分量

1 以鹽水調味

將蘿蔔芽和小白菜切除
根部並切成適口大小，
以大盆接水後反覆浸洗
約3次，再放入鹽水材料
全數拌勻靜置。

2 準備辛香料

將洋蔥切成細條狀，細
蔥切成適合食用的小
段，綠辣椒及紅辣椒切
半後，再斜切成菱形薄
片。

3 製作調味湯底

削除馬鈴薯外皮後放入
湯鍋中，倒進10杯水
及昆布，以小火慢燉約
30分鐘，使馬鈴薯完全
軟化。將全熟的馬鈴薯
壓碎，放涼冷卻後加入
辣椒粉、蒜末、薑末和
鹽。

4 混合

完成浸泡鹽水的蘿蔔芽
與小白菜以清水沖洗1次
後瀝乾，放入洋蔥、細
蔥、綠辣椒、紅辣椒拌
勻，接著倒入步驟3的調
味湯底，混合後移至適
當容器靜置熟成。

即食泡菜

過冬泡菜是韓國人冬季無法或缺的重要食物，利用秋季收穫的白菜和白蘿蔔醃漬入味，讓整個冬天的餐桌更顯豐饒；但只要一到春天，對於過冬泡菜的慾望就會瞬間熄滅，比起香辣熟成的口感，更期待新鮮清脆的當令小菜。在突然覺得白菜泡菜了無新意的夏天裡，試試幾種現拌現吃的即食泡菜也不錯！醃漬整顆的大白菜相當耗時，不慎出錯就會整份浪費無用，可以切成適當尺寸再拌入調味配料，不僅新鮮脆口，初學者也非常容易上手。

TIME	60分鐘
YIELD	10 餐份（2 人）

INGREDIENTS

★主材料

大白菜 1顆（2kg）
白蘿蔔（長5cm）1塊
洋蔥 ½顆
韭菜 1把（100g）
細蔥 80g（約15株）
粗鹽 1½杯
芝麻 少許

★調味材料

辣椒粉 1杯
鰻魚露 ½杯
蒜末 6匙
薑末 少許

★麵漿材料

水 1½杯
昆布（10X10cm）1片
麵粉 2匙

替代食材

鰻魚露 ▶ 玉筋魚露

TIP

即食泡菜中的大白菜應切成稍長的條狀，同時具有葉、梗的部分，才能品嚐到當季白菜的脆甜滋味，質地較硬的外葉也應斜切成適合食用的形狀。若想迅速熟成品嚐，夏季可靜置於室溫半天，再放入冰箱冷藏。若移至泡菜專用的容器，填入時應將泡菜壓緊，才會妥善發酵。舀取享用後，剩餘的泡菜也應下壓並浸泡於湯汁中，避免風味改變。

How To Make

白菜直接使用，先以鹽調味後洗淨瀝乾。白蘿蔔則是先清洗，完成鹽漬的步驟後瀝乾

1 鹽漬

將白菜切成稍長的條狀，白蘿蔔以清水洗淨後切成方塊狀。將1又½杯粗鹽分成一半撒入白菜及白蘿蔔中。白菜靜置約1小時，白蘿蔔靜置約30分鐘，過程中不時翻動拌勻。

2 準備配菜

將洋蔥切成細條狀，韭菜和細蔥洗淨後切成適合食用的小段。

先將冷水加入2～3匙麵粉仔細混合再下鍋熬煮，才不會嚴重結塊

3 製作麵漿

在湯鍋中放入1又½杯水和昆布，加熱沸騰後撈起昆布，加入調好的麵粉一起熬煮成近似醬糊的黏稠狀後放涼。

若不喜歡鰻魚露，可以減少分量或用蝦醬、鹽替代

4 製作調味醬

將冷卻的麵漿與辣椒粉混合，再加入鰻魚露、蒜末、薑末拌勻。

5 混合

將鹽漬完成的白菜以清水洗淨並完全瀝乾，白蘿蔔置於篩網瀝乾，再與切好的洋蔥及調味醬一起攪拌混合。

6 撒上芝麻

加進韭菜和細蔥，輕輕翻攪拌勻後移至適合泡菜的容器，再撒上芝麻。

239

幼蘿蔔泡菜

用還沒有長大的白蘿蔔製成，比起長長一條的熟成白蘿蔔，圓潤可愛的幼蘿蔔更是清爽脆口，連同蘿蔔葉都非常鮮脆。有些人會把幼蘿蔔切成小塊醃漬，但連接著蘿蔔葉的整株幼蘿蔔，才能展現道地的迷人風味。

TIME 60分鐘	水 1½杯	**TIP**

TIME　　　60分鐘

YIELD　　10 餐份（2 人）

INGREDIENTS

★主材料

幼蘿蔔 1袋（2kg）

細蔥 100g

★鹽漬材料

水 5杯

粗鹽 1杯

★調味材料

糯米粉 2大匙

水 1½杯

昆布（10X10cm）1片

辣椒粉 1杯

鯷魚露 ½杯

蝦醬 2匙

蒜末 ¼杯

薑末 1匙

鹽 少許

替代食材

糯米漿▶麵漿

TIP

幼蘿蔔泡菜若不經過發酵，蘿蔔就會帶有不好的土腥味。夏季可靜置於室溫熟成1日，冬天為1.5日，接著再放入冰箱冷藏。熟成後的幼蘿蔔泡菜可保存約1個月，若因長期發酵而變酸，可用適量紫蘇油拌炒，再放進清水燉煮至蘿蔔軟化後享用。

─── H-o-w ─To─ M-a-k-e ───

1 處理幼蘿蔔

選購體積較小、質地較硬的幼蘿蔔，剝除損傷的葉子，切除底部並以刷子清洗乾淨。

浸泡時間約2小時，使白蘿蔔適度軟化。

2 鹽漬

用5杯水溶化粗鹽後，將處理好的幼蘿蔔浸泡約2小時，再以清水沖洗2次並利用篩網瀝乾。

3 切蔥

將細蔥洗淨後切成長約4～5cm的小段。

可事先購買米店販售的糯米粉冷凍備用，或者以乾燥的糯米粉、麵粉替代。

4 製作糯米漿

在鍋中放入2大匙糯米粉、1片昆布、1又½杯水一起加熱，同時以打蛋器仔細攪拌。開始沸騰後轉為中火，持續滾煮至糯米粉變得透明，再關火放涼。

糯米漿可提升整體鮮甜度，同時中和幼蘿蔔的土腥味。

5 製作調味醬

將辣椒粉、鯷魚露、蝦醬、蒜末、薑末混合，再倒進冷卻的糯米漿拌勻。

6 完成

放進鹽漬過的幼蘿蔔、細蔥段，與調味醬翻動拌勻後移至適合發酵的容器，並將材料向下壓緊。

蘿蔔芽泡菜

TIME	60 分鐘
YIELD	6 餐份（2 人）

INGREDIENTS

★主材料
蘿蔔芽 1 袋（1.5kg）
水 10 杯
粗鹽 1 杯

★調味材料
紅辣椒 10 根
鯷魚露 6 匙
乾辣椒 8 根
辣椒粉 ½ 杯
蒜末 3 匙
薑末 0.3 匙
糖 0.5 匙
鹽 1 匙
糯米漿 ¼ 杯

替代食材

乾辣椒 ▶ 辣椒粉

TIP

將紅辣椒以食物調理機打碎後使用，不僅能增添新鮮香氣，豔紅的色彩也賞心悅目。但若全數使用紅辣椒，也可能產生不好的土腥味，應用乾辣椒或辣椒粉混合。其中乾辣椒可稍微泡水後切成小段，再放入調理機打碎。

How To Make

經過 30 分鐘後，可上下翻動使其混合均勻

1 鹽漬蘿蔔芽

將蘿蔔芽清洗乾淨並切成適當長度，另將粗鹽溶於水中，倒入蘿蔔芽中靜置約 1 小時，再以篩網撈起瀝乾。

試吃後若味道太淡，可適量加入鹽巴

2 製作調味醬

將紅辣椒及鯷魚露放入食物調理機打碎，再放入其他調味材料一起攪打。

輕輕攪拌才不會產生壬青澀的異味

3 混合

將打好的調味醬與蘿蔔芽輕輕翻動拌勻。

可置於冷藏保存約 10 天

4 保存

將拌好的蘿蔔芽放入適合的容器，靜置室溫約 1 天熟成，再放入冰箱冷藏。

綠辣椒泥拌蘿蔔芽

TIME 60分鐘

YIELD 6餐份（2人）

INGREDIENTS
★主材料
蘿蔔芽1袋（1.5kg）
細蔥50g（約10株）
紅辣椒2根
★鹽漬材料
水5杯、粗鹽½杯
★醬汁材料
綠辣椒15根
梨¼顆、蒜5瓣
薑少許、水6杯
糯米漿¼杯、鯷魚露2匙
鹽1匙

替代食材
糯米粉▶麥飯

TIP
蘿蔔芽是夏季常見的小菜食材，步驟中的糯米漿可直接以大麥飯替代，和其他醬汁材料一起放入食物調理機中攪打。這道小菜會因發酵而逐漸變黃，適合在短時間內享用，最長可冷藏保存約10天。

—H-o-w—T-o—M-a-k-e—

1 鹽漬蘿蔔芽
將蘿蔔芽洗淨後瀝乾，切成長約7～8cm的段狀。放入鹽漬材料浸泡約20分鐘，上下翻動後再靜置約10分鐘，以篩網撈起瀝乾。

2 準備配菜
將細蔥洗淨瀝乾，切成長約4cm的小段，紅辣椒斜切成菱形薄片。

3 調味
拔除綠辣椒的蒂頭並切成小塊，梨子削皮後也切成塊狀，再與蒜、薑一起放入食物調理機中打成泥。

4 混合
將6杯水、糯米粉及步驟3的辣椒泥混合調勻，加進鯷魚露和鹽調味，最後放入鹽漬完成的蘿蔔芽翻動拌勻，再移至適合泡菜的容器。

辣味小黃瓜夾心泡菜

TIME　　　30 分鐘（不含鹽漬時間）

YIELD　　　2 餐份（2 人）

INGREDIENTS

★主材料
小黃瓜 4 根
粗鹽（鹽漬用）少許
水 2 杯
粗鹽 3 匙
★夾心內餡材料
韭菜 1 株
辣椒粉 ¼ 杯
蒜末 1 匙
薑末 少許
鯷魚露 3 匙
糖 少許

替代食材
鯷魚露▶玉筋魚露

TIP
小黃瓜夾心泡菜相當容易熟成，
夏季僅需在室溫靜置約 2～3 小
時即可冷藏，分量越少越容易發
酵變酸。

— H-o-w —T-o— M-a-k-e —

假如韭菜分
量過多，會
不容易與
瓜混合均勻

1 準備食材

選用身體較平整不粗糙
的小黃瓜，以粗鹽摩擦
表面後沖洗乾淨。韭菜
輕搓洗淨後瀝乾，再切
成適當的小段。

刀口要切得夠深，
調味才能充分被吸
收，夾心內餡也更
容易收入

2 切出刀口

將小黃瓜的兩端各切掉
一點，根據小黃瓜的長
度切成2～3等分。再將
切段的小黃瓜以十字形
橫向剖開，並留下長約
1cm處不切開。

3 鹽漬

將處理好的小黃瓜與2
杯水、粗鹽一起混合浸
泡約30分鐘，使小黃瓜
呈現用手彎折也不會斷
裂的狀態，再以篩網瀝
乾。

4 調味

鯷魚露和辣椒粉調勻溶
化，與韭菜、薑末、蒜
末、糖一起混合，滿滿
夾入小黃瓜的十字切口
內。剩餘的均勻裹上小
黃瓜表面，移至適合的
容器中疊放壓緊。

蘿蔔小黃瓜夾心泡菜

TIME 　　30 分鐘（不含鹽漬時間）

YIELD 　　3 餐份（2 人）

INGREDIENTS

★主材料
小黃瓜 5 根
粗鹽（鹽漬用）少許
水 3 杯
粗鹽 ¼ 杯

★夾心內餡材料
白蘿蔔（長 2cm）1 塊
精鹽 0.3 匙
細蔥 30g（4～5 株）
紅辣椒 ½ 根
蒜末 1 匙
薑末 少許

★湯汁材料
飲用水 2½ 杯
精鹽 0.5 匙
糖 0.3 匙
梅醬 1.5 匙

替代食材
紅辣椒▶甜椒

TIP
夏季時先在室溫靜置約半天，再移至
冰箱冷藏，可連續保存約 7 至 10 天。

─ H-o-w —T-o— M-a-k-e ─

小水中的粗鹽
亮全灑散溶
化，浸泡小黃
瓜約30分鐘

1 鹽漬
選用體型較長的小黃
瓜，兩側各留長約2cm不
切斷，中間部分以十字
形劃開，另將3杯水及粗
鹽混勻溶化，浸入切好
的小黃瓜靜置。

2 準備夾心內餡
白蘿蔔切成細絲，撒上
0.3匙的鹽並靜置約10分
鐘，細蔥及紅辣椒也切
成絲。接著將鹽漬完成
的白蘿蔔絲與細蔥、紅
辣椒、蒜末、薑末全數
混勻。

3 填入內餡
將鹽漬完成的小黃瓜沖
洗後瀝乾，再均勻填入
拌好的內餡。

4 浸泡湯汁
將湯汁材料全數調和，
與小黃瓜一起放入適當
的容器中。

鹹黃瓜 & 涼拌鹹黃瓜

TIME 　20 分鐘

YIELD 　5 餐份（2 人）

INGREDIENTS
★鹹黃瓜材料
小黃瓜（長）10 根
粗鹽（鹽漬用）少許
水 6 杯
粗鹽 ½ 杯
★涼拌鹹黃瓜材料
鹹黃瓜 1 根
蒜末 0.3 匙
辣椒粉 0.5 匙
糖 0.3 匙
醋 0.3 匙
香油、芝麻鹽 各 0.3 匙

替代食材
醋 ▶ 梅醬

TIP
若適當調整鹹黃瓜的鹽水濃度，最長可保存至 1 個月以上。假如因為濃度太低而產生白黴，應將鹽水倒出，重新滾煮並放涼後倒回小黃瓜中。大量製作時，也可以將處理好的食材放入醬缸中，存放於陰涼處。

─H·o·w─T·o─M·a·k·e─

鹹黃瓜

涼拌鹹黃瓜

1 準備食材
以粗鹽摩擦小黃瓜表面，除去殘留的粗糙異物，再以清水洗淨後瀝乾。另外在鍋中放入6杯水及½杯粗鹽加熱煮滾。

2 浸泡鹽水
將小黃瓜放入適當的容器中，倒入剛煮滾的鹽水，使小黃瓜完全淹沒於鹽水中，壓上一塊乾淨的石頭或重物，靜置1週後享用。

1 鹹黃瓜切片
將醃漬完成的鹹黃瓜，以0.2cm的厚度直切成圓形片狀，浸泡冷水約5分鐘後撈起瀝乾。

2 調味
先將蒜末、辣椒粉、糖、醋、香油、芝麻鹽混合，再放入切好的鹹黃瓜拌勻。

涼拌白菜心

TIME　　　20 分鐘

YIELD　　　2 餐份（2 人）

INGREDIENTS

★主材料
白菜心 400g
洋蔥 ¼ 顆
韭菜 ½ 株

★調味材料
辣椒粉 4 匙
鯷魚露 4 匙
蒜末 1.5 匙
白芝麻 1 匙

替代食材
韭菜▶細蔥

TIP
白菜心建議不要用鹽漬的方式調
味，直接與調味料拌勻享用，更
能品嚐新鮮的甘甜味。但若存放
過久，也可能因為調味料而逐漸
軟化、失去美味，以單次少量製
作為佳。

── H-o-w ─ T-o ─ M-a-k-e ───────

水分瀝乾才
能保持清脆
美味

１ 準備白菜心
將白菜心的葉片剝開分
離，洗淨後切成適口大
小。

２ 準備配料
洋蔥切成細條狀，韭菜
洗淨後切成長約3～4cm
的小段。

３ 調味
將白菜心、洋蔥、辣椒
粉、鯷魚露、蒜末全數
放入盆中輕輕翻攪拌
勻。

４ 完成
撒上適量白芝麻，放入
切好的韭菜一起混合。

涼拌韭菜

TIME 10 分鐘

YIELD 2 餐份（2 人）

INGREDIENTS

★主材料
韭菜 50g
★調味材料
辣椒粉 1 匙
鯷魚露 1.5 匙
糖 0.3 匙
醋 0.5 匙
香油、芝麻鹽 少許

替代食材
鯷魚露▶鰹魚露

TIP
即拌即食的韭菜料理，相當適合
搭配肉類。選用春季的嫩韭菜最
能展現其脆甜風味，清潔時應將
水接入盆中，輕輕搖晃浸洗，避
免產生不當的腥味。

H-o-w—T-o—M-a-k-e

> 韭菜及其他容易產
> 生異味的蔬菜，都
> 應使用接於盆中的
> 水浸洗

> 鯷魚露的風味與韭菜相
> 當搭配，兩者互相提味
> 的作法相當常見，但若
> 不喜歡鯷魚露，也可用
> 鰹魚調味品替代

1 清洗韭菜
先除去根部及枯黃的葉
片，稍作整理使葉片順
向交疊，再放入事先接
好清水的盆中搖晃清
洗。

2 切韭菜
將洗好的韭菜切成長約
5cm的小段。

3 調味
依照上述分量將調味材
料全數調和，再放入切
好的韭菜輕輕翻攪。

醬漬辣椒

TIME　　25 分鐘

YIELD　　10 餐份（2 人）

INGREDIENTS
★主材料
青陽椒 500g
★醬漬材料
醬油 1 杯
水 ¼ 杯
糖 ¼ 杯
醋 ½ 杯
昆布（10X10cm）1 片

替代食材
青陽辣椒▶綠辣椒、紅辣椒

TIP
辣椒應完全浸泡在醬漬湯汁中，
才能保持一定的風味，可使用適
合的重物壓住。大量製作時，可
將辣椒放入料理用的薄布包，再
置入醬缸或桶子中，壓在重物下
醃漬。

─H-o-w─T-o─M-a-k-e─

青陽椒經過醬
漬後，辣度會
稍微減輕

1 清洗辣椒
將青陽椒以清水洗淨，
置於篩網上瀝乾。

2 製作醬漬湯汁
在鍋中放進所有的醬漬
材料，加熱沸騰後將火
轉小至不會溢出，再持
續滾煮約2～3分鐘。

經過1週後，應將
湯汁倒出並重新煮
沸，冷卻後再倒回
容器中繼續醃漬，
即可延長保存期間

3 調味
將青陽椒放入密封容器
中，倒入熱騰騰的醬漬
湯汁。

醬漬洋蔥

TIME　30 分鐘

YIELD　5 餐份（2 人）

INGREDIENTS
★主材料
小洋蔥 10 顆
★醬漬材料
醬油 1 杯
水 ½ 杯
醋 ¼ 杯
糖 3 匙
昆布（5X5cm）1 片

替代食材
洋蔥▶蓮藕、白蘿蔔

TIP
將春天收穫的當令洋蔥製成醬菜，就能享受一整年的美味。可以直接切成小菜，也能打碎後作為調味材料。醬漬的湯汁可與橄欖油調和成醬料，或者拌入少許辣椒粉變成煎餅或水餃的沾醬。

How To Make

1 清洗洋蔥
剝除洋蔥外皮後清洗乾淨，放入尺寸適當的密封容器中。

2 倒入醬漬材料
將醬漬材料全部放入鍋中以大火加熱，開始沸騰後轉為中火煮2分鐘，再趁熱倒入放有洋蔥的容器中。

3 保存
熱蒸氣散去後蓋上容器的蓋子，放入冰箱冷藏。

4 享用
靜置1週使洋蔥充分入味後，切成適當的小塊狀享用。

醬漬蕪菁蓮藕

TIME 15 分鐘

YIELD 5 餐份（2 人）

INGREDIENTS

★主材料
蕪菁 1 顆
蓮藕 ¼ 根
綠辣椒 2 根

★醬漬材料
醬油 1 杯
水 ½ 杯
醋 ¼ 杯
糖 3 匙

替代食材
蕪菁▶白蘿蔔、甜菜根

TIP
製作分量較少時，可切成適口大
小後倒進醬漬材料。切塊浸泡的
醬菜約可保存 10 日。若想延長
保存時間，可切成較大的塊狀，
每次享用前再切成適合食用的小
片。

─ H·o·w ─ T·o ─ M·a·k·e ─

以大火加熱至湯汁
沸騰後，轉為中火
避免溢出，再持續
滾煮 2 分鐘

1 準備蕪菁
以流動的清水清洗蕪
菁，削除外皮後切成長
約4cm，厚度與手指相仿
的條狀。

2 準備蓮藕與綠辣椒
蓮藕去皮後橫向剖半，
再以約0.3cm的寬度切成
半圓形片狀。綠辣椒斜
切成菱形薄片。

3 煮醬漬湯汁
在鍋中放入上述分量的
醬漬材料，加熱滾煮一
會兒。

再浸泡約半天，
稍即可享用

4 浸泡入味
將處理好的蕪菁、蓮藕
及綠辣椒放入密封容器
中，倒入滾燙的醬漬湯
汁，靜置放涼後冷藏保
存。

醋漬小黃瓜

TIME　　25〜30 分鐘

YIELD　　2 餐份（2 人）

INGREDIENTS

★主材料
小黃瓜 2 根
洋蔥 1 顆（200g）
綠辣椒 2 根
昆布 1 片
★醋漬材料
醬油 1 杯
水 ½ 杯
醋 ¼ 杯
糖 3 匙

替代食材

綠辣椒▶乾辣椒

TIP

小黃瓜多籽且富含水分，切開醃漬後難以長期保存。浸泡湯汁約 2 天後，可將湯汁倒出重新加熱，滾煮約 3 分鐘後完全放涼，再倒回容器中。雖然可以延長保存時間，但會使味道變得更鹹。

—H-o-w—T-o—M-a-k-e—

若連第一次倒入的湯汁也先放涼冷卻，可維持小黃瓜青翠的顏色。另外也可依照喜好加入蓮藕、高麗菜、白蘿蔔等

1 準備洋蔥

剝除洋蔥的外皮，用水洗淨、瀝乾後切成適當的小塊狀。

2 準備小黃瓜

除去小黃瓜表面的突刺，再切成適當的片狀。

3 準備綠辣椒

將綠辣椒斜切成適當的小片。

4 浸泡入味

將醋漬材料全部放入湯鍋中加熱，開始沸騰後轉為中火，再滾煮2〜3分鐘後，與準備好的食材混勻靜置。

醋漬紫心蘿蔔

TIME　　10 分鐘

YIELD　　2 餐份（2 人）

INGREDIENTS
★主材料
紫心蘿蔔 1 根
★醋漬材料
水 ½ 杯
醋 ⅓ 杯
糖 6 匙
鹽 1.5 匙
醃漬香料 0.3 匙

替代食材
紫心蘿蔔▶白蘿蔔、蓮藕、甜椒、
小黃瓜、紅蘿蔔

TIP
醃漬香料（Pickling spice）是由
多種香草原料混合而成，一般超
市的調味品區可輕易購得。其主
要作用是增添香氣，可直接以月
桂葉、桂皮或丁香等其他常見香
料替代。

—H-o-w—T-o—M-a-k-e—

1 準備紫心蘿蔔
將紫心蘿蔔洗淨，連同
外皮一起切成適合食用
的小方塊狀，放入較大
的盆子或容器中。

2 製作醋漬湯汁
將醋漬材料全數放入鍋
中加熱，沸騰後持續滾
煮約3分鐘，使糖完全溶
化。

3 浸泡入味
將煮好的湯汁趁熱倒進
紫心蘿蔔中浸泡。

※紫心蘿蔔
這種顏色較罕見的特殊
品種，口感與一般白蘿
蔔相當類似，內部與甜
菜根一樣呈現紫紅色，
但卻不會流出顏色鮮明
的水分。

Chapter **6**

點心及飲品
23 道

正餐與正餐之間吃的食物，其實都能稱為點心。雖然很容易被誤會是孩子們的最愛，但在口腹空虛的午後或深夜，無論男女老少都需要一點滿足。

有時候我們也會用點心來替代正餐，甚至具有比正餐更重要的角色。即使在家喝一杯咖啡，只要搭配一片自製餅乾或蛋糕，根本不需要特地跑去咖啡館。簡單的飲料、茶品，配上香甜的麵包、餅乾，午後的點心就是如此輕鬆簡便。初步嘗試烘焙食譜時，無須添購專業道具，暫時先靈活運用家中已有的工具即可。

這一章即將介紹韓式炒年糕、炸雞、三明治、麵包、餅乾、拔絲地瓜、糯米涼糕等多項點心，以及不輸給市面咖啡館的特調飲品。

辣炒年糕

TIME	20 分鐘
YIELD	2 人份

INGREDIENTS

★主材料

高麗菜葉 1 片
大蔥 ½ 根
魚板 1 片
雞蛋 2 顆
年糕片 150g
水 1 杯
食用油 適量

★調味材料

辣椒醬 2 匙
辣椒粉 0.5 匙
水飴 1 匙
蠔油 0.5 匙
糖 0.3 匙

替代食材

高麗菜葉▶大白菜、泡菜、洋蔥
雞蛋▶鵪鶉蛋
年糕片▶年糕條

TIP

冷凍保存的年糕可先浸泡熱水約
5 分鐘，軟化後使用。

—H-o-w—T-o—M-a-k-e—

將雞蛋和鹽放入冷水中一起加熱滾煮約10分鐘，再迅速以冷水沖洗冷卻，可使蛋殼輕易剝除

1 準備食材

高麗菜葉切成長約4cm的寬條狀，大蔥斜切成菱形薄片，大片的魚板切成適合食用的條狀，雞蛋用水煮熟後剝去外殼。

2 拌炒食材

將高麗菜葉及年糕片放入炒鍋中，以大火拌炒約2分鐘，再倒入1杯水滾煮約5分鐘。

3 拌煮

年糕加熱軟化後，放入調味材料拌勻，再加進切好的魚板和水煮蛋，持續拌煮約5分鐘。

4 放入大蔥

待食材適度入味收汁，放入大蔥後關火。

給小朋友吃的辣炒年糕，可用鵪鶉蛋替代雞蛋

番茄醬炒年糕

TIME 20 分鐘

YIELD 2 人份

INGREDIENTS

★主材料
年糕條 150g
洋蔥 ¼ 顆
食用油 適量
番茄紅醬 1 杯
鹽、胡椒粉 少許
帕瑪森起司粉 少許

替代食材

番茄紅醬▶奶油白醬

TIP

年糕條建議選擇較細長的種類，
比一般常見的粗短型更容易熟
透、入味。

─ H·o·w─T·o─M·a·k·e ─

若年糕尚未熟透軟
化，醬汁卻已快要
收乾，可適度加進
2～3匙水

1 準備食材

準備形狀細長的年糕
條，質地僵硬者可先泡
水約10分鐘。洋蔥切成
細條狀。

2 加熱

在平底鍋中放入食用油
預熱，再放進年糕條與
洋蔥，以大火翻炒約2分
鐘。

3 拌炒

加入番茄紅醬以中火拌
炒約5分鐘。

4 調味

以鹽和胡椒粉調味後，
撒上帕瑪森起司粉。

蔬菜年糕炒泡麵

TIME	20 分鐘
YIELD	2 人份

INGREDIENTS

★主材料
泡麵麵條 1 包
高麗菜葉 1 片
洋蔥 ½ 顆
大蔥 ½ 根
魚板 1 片
年糕條 100g
水 1½ 杯
★調味材料
辣椒醬 2.5 匙
辣椒粉 1 匙
水飴 1 匙
糖 1 匙
蒜末 1 匙
糖 0.3 匙
芝麻 0.5 匙

替代食材

泡麵▶蕎麥麵

TIP

稍微減少辣椒醬並添加甜麵醬或韓
國炸醬粉,或者以咖哩替代辣椒醬,
都是值得多方嘗試的新變化。

— H-o-w—T-o—M-a-k-e —

若想省略水煮步驟
而直接使用,可在
拌煮調味醬時多放
½ 杯水,將麵條一
起下鍋加熱。

1 準備麵條

先將泡麵麵條用滾水煮
熟。

2 準備配料

將高麗菜葉、洋蔥、大
蔥切成較寬的條狀,魚
板也切成尺寸相近的長
方條狀。

3 製作調味醬

將調味材料均勻混合。

4 拌炒

在平底鍋中放入高麗菜
葉及年糕條,以大火拌
炒約2分鐘後,加入1杯
水滾煮約5分鐘。接著
加進調味醬、魚板、高
麗菜葉、洋蔥拌煮約3分
鐘,放進泡麵麵條再煮5
分鐘,最後鋪上大蔥。

蜂蜜奶油炸雞

TIME 30 分鐘

YIELD 2 人份

INGREDIENTS
★主材料
棒棒腿 10 隻
米酒 2 匙
鹽、胡椒粉 少許
炸粉 ¼ 杯
炸油 適量
★蜂蜜奶油醬材料
奶油 2 匙
蜂蜜 2 匙
蒜末 1 匙
醬油 0.5 匙
鹽 少許

替代食材
棒棒腿▶無骨雞塊

TIP
若喜歡更酥脆的口感，可在第一次油炸後撈起，等熱油「啵啵啵」的聲音完全消失後，重新放入油鍋中加熱第二次。

─ H-o-w—T-o—M-a-k-e ─

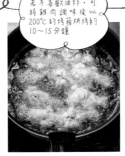
若不喜歡油炸，可將雞肉調味後以200℃的烤箱烘烤約10～15分鐘

1 雞肉調味
棒棒腿清洗乾淨後適當割出刀痕，撒上鹽、胡椒粉拌勻並靜置20分鐘。

2 裹上炸衣
將基本調味後的棒棒腿均勻裹上炸衣。

3 油炸
以160℃的油鍋加熱約5分鐘，使雞肉完全熟透。

4 調味
將蜂蜜奶油醬材料全數放入大鍋中，以小火加熱至冒泡滾起後，放進炸好的雞肉翻攪拌勻。

涼拌韓式煎餃

TIME 30 分鐘

YIELD 2 人份

INGREDIENTS

★主材料
茼芹 40g
高麗菜葉 2 片
餃子皮 1 包
香油 少許

★內餡材料
冬粉 少許
紅蘿蔔 少許
韭菜 少許
鹽、胡椒粉 少許

★辣醋醬材料
辣椒醬 2 匙
辣椒粉 0.5 匙
醋 2 匙
糖 1.5 匙
米酒 1 匙

替代食材

茼芹▶水芹、單花韭

TIP

餃子的餡料不用太多,對摺捏成扁平狀,再煎成金黃微焦,才能與各種蔬菜一起夾取搭配。可用各種喜愛的蔬菜切成細條狀,洗淨後瀝乾使用。

—— H-o-w—T-o—M-a-k-e ——

市售的餃子皮通常需要在邊緣沾水才能固定,若是冷凍餃子皮,可能因為過度退冰而產生大量水分,使餃子皮互相沾黏,應先移至冷藏適度解凍,每一片可順利揭開後使用

1 製作內餡

茼芹輕搓洗淨切成適合食用的尺寸,高麗菜葉刨成細絲。泡軟的冬粉以滾水汆燙後,和紅蘿蔔、韭菜一起切碎,以鹽和胡椒粉調味拌勻。

2 製作餃子

將內餡適量放入餃子皮中央,對摺捏成扁平狀。

3 煮熟

在滾水中加入少許鹽,將餃子煮熟後瀝乾。

4 油煎

享用前先以適量食用油煎出表面微焦光澤,調和辣醋醬後放進茼香及高麗菜,淋上香油拌勻,搭配餃子享用。

釜山雞蛋餃子

TIME 15 分鐘

YIELD 2 人份

INGREDIENTS

★主材料
冬粉 50g
大蔥 1 根
雞蛋 3 顆
鹽、胡椒粉 少許
食用油 適量

替代食材

大蔥▶細蔥、青椒

TIP
若特地使用韓國冬粉，質地較不容
易煮熟，有時間可事先浸泡溫水備
用，烹煮時僅需 3～4 分鐘即可軟
化熟透。

─H·o·w─T·o─M·a·k·e─

將雞蛋打散後拌入
少許鹽，可破壞蛋
中的繫帶而使蛋液
更均勻

1 準備冬粉
將冬粉以滾水加熱約20
分鐘，撈起瀝乾後切成
細小的段狀。

2 準備食材
將大蔥切成末，雞蛋仔
細打勻後以鹽和胡椒粉
調味。

3 混合
將準備好的冬粉和大
蔥、蛋液混合拌勻。

4 油煎
將平底鍋預熱並倒入食
用油，放入適量蛋液並
鋪成近似餃子皮尺寸的
圓形，加熱至半熟後以
鍋鏟對摺，再持續煎至
表面微焦。

特色三明治

TIME 25 分鐘

YIELD 2 人份

INGREDIENTS
吐司 4 片
火腿 40g
水煮蛋 1 顆
小黃瓜 ½ 根
精鹽 少許
美乃滋 適量

替代食材
火腿 ▶ 鮪魚（罐頭）
吐司 ▶ 長棍麵包、捲餅皮

TIP
三明治不適合用手壓緊再切，應該仿照鋸子的動作來回切開，避免吐司被壓扁或碎裂。若情況允許，可特別準備鋸齒狀的麵包刀。

— H-o-w —T-o— M-a-k-e —

1 準備內餡
將火腿和水煮蛋切成碎末，各自與適量的美乃滋調和拌勻。

2 處理小黃瓜
將小黃瓜切碎，拌入精鹽稍微靜置，將水分瀝乾後與美乃滋拌勻。

3 製作三明治
依序以吐司、火腿、吐司、水煮蛋、吐司、小黃瓜的順序疊放，再蓋上最後一片吐司。

4 切開
先切除吐司邊，再以對角線切成4等分。

雙色沙拉餐包

TIME 20 分鐘

YIELD 2 人份

INGREDIENTS
馬鈴薯 1 顆
地瓜 1 顆
牛奶 1 杯
鹽、胡椒粉 少許
黑橄欖 2 顆
沙拉生菜 30g
芥末籽醬 少許
美乃滋 1.5 匙
餐包 2 個

替代食材
芥末籽醬 ▶ 黃芥末醬

TIP
以牛奶烹煮馬鈴薯和地瓜，可保持較長時間的鬆軟口感而不乾硬。牛奶在加熱時容易膨脹溢出，應在開始沸騰後轉為小火，持續燉煮至全熟。

—H-o-w—T-o—M-a-k-e—

1 煮熟馬鈴薯、地瓜
將馬鈴薯和地瓜去皮並切成小塊，各自以½杯牛奶燉煮軟化，壓成碎泥後拌入美乃滋、鹽和胡椒粉。

2 準備配料
將黑橄欖切成薄片，個人喜愛的沙拉生菜浸泡冷水後瀝乾。

3 抹上芥末籽醬
將餐包剖半並均勻抹上芥末籽醬。

4 組合
依序在餐包中夾入沙拉生菜、馬鈴薯泥及地瓜泥。

超濃布朗尼

人生第一次吃布朗尼，可以回溯至20多年前。某次海外旅遊中，發現身邊喝咖啡的人都配著某個黑色的東西，好奇之下也跟著點了。用叉子切一塊放入口中，我的雙眼立刻變成愛心形狀，彷彿發現新世界一樣驚喜興奮。雖然平常不太喜歡甜食，但與咖啡苦味相互碰撞的濃郁巧克力，絕妙的調和令人讚嘆不已。這裡介紹的布朗尼簡單分為預備、攪拌、烘烤三階段，若喜歡更細膩濃醇的口感，可另外添加1匙奶油乳酪或巧克力豆。

TIME   40分鐘（包含烘焙30分鐘）

YIELD   6 人份

INGREDIENTS
黑巧克力 100g
奶油 125g
黑糖 150g
香草籽莢 ⅓ 根
雞蛋 3顆

低筋麵粉 50g
可可粉 5匙
泡打粉 少許
杏仁果片 50g

替代食材
黑糖 ▶ 紅糖
香草籽莢 ▶ 香草精

TIP
布朗尼通常使用方型模具為主，但若家裡沒有適當的容器，可用紙杯或蛋糕紙模替代。使用一般紙杯可注入5分滿，蛋糕紙模可注入7分滿。

---H-o-w—T-o—M-a-k-e--------

1 奶油隔水加熱
將奶油放入小鍋中，以隔水加熱的方式攪拌溶化。

拌煮至巧克力完全溶解，拉起時，巧克力醬會迅速下滑

2 溶入巧克力
奶油完全溶化後，放入巧克力拌勻。

3 加糖
將香草籽莢剖開，刮入其中的香草籽，再放入黑糖攪拌均勻並稍微放涼。

4 放入蛋液
巧克力漿溫度下降後，將打散的蛋液分次少量拌入，同時以打蛋器混合拌勻。

5 放入粉類材料
以細篩網過濾低筋麵粉，再與可可粉、泡打粉拌入巧克力漿中，持續以拌勻攪勻。

6 烘焙
模具中鋪上烘焙紙，填入巧克力漿，表面抹平後均勻鋪上杏仁果片，送入預熱至180℃的烤箱中烤30分鐘。

黑芝麻餅乾

TIME 　　30 分鐘（不含發酵時間）

YIELD 　　20 ～ 25 個

INGREDIENTS
奶油 120g
糖 110g
雞蛋 ½ 顆
低筋麵粉 240g
鹽 1g
黑芝麻 40g

替代食材
黑芝麻▶白芝麻

TIP
奶油一般都是冷藏保存，若直接取出使用，會因凝固而難以迅速融合，應事先置於室溫軟化。

—H-o-w—T-o—M-a-k-e—

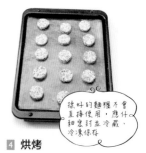

揉好的麵糰不會直接使用，應仔細意封並冷藏、冷凍保存

1 奶油與配料混合
將奶油放入大盆中，先以攪拌器攪散，100g的糖分以少量數次拌入，再將打散的蛋液分成2次加入拌勻。

2 放入粉類材料
低筋麵粉以細篩網過濾，與鹽、黑芝麻一起加入盆中，用刮勺仔細拌勻。

3 發酵
將材料攪拌至粉類完全融合，再整形成圓柱狀，包裹塑膠袋後放入冷藏靜置約2小時。

4 烘烤
將冷藏熟成的麵糰取出，平均切成厚約0.3cm的片狀，鋪在烤盤中，送進事先預熱至180℃的烤箱中烤約15分鐘。

奶油酥餅

TIME 30 分鐘（不含發酵時間）

YIELD 8 人份

INGREDIENTS
奶油 100g
糖 105g
蛋黃 50g
中筋麵粉 150g
泡打粉 7g
糖（沾取用）適量

替代食材
蛋黃 50g ▶ 雞蛋 1 顆

TIP
奶油酥餅（Shortbread cookies）的
名稱，據說含有像沙一般鬆軟、容
易分解的原意。製作好的麵糰若在
冷凍保存後直接切片，會因為硬度
而碎裂，應先移至冷藏解凍後使用。

— H·o·w—T·o—M·a·k·e —

1 奶油與配料混合
將奶油放入大盆中，先
以攪拌器打散，再放入
糖攪拌均勻。

2 製作麵糰
將蛋黃打散並分成數次
少量拌入，中筋麵粉以
細篩網過濾，與泡打粉
一起加入，用刮勺翻攪
混勻。

3 發酵
將麵糰整形成圓柱狀，
包裹塑膠袋後放入冷藏
靜置約30分鐘。

4 烘烤
將熟成的麵糰以規律的
厚度切片，其中一面沾
上糖粉，再將此面朝上
鋪在烤盤中，送進事先
預熱至180℃的烤箱中烤
約10～15分鐘。

在麵糰表面沾上
糖粉再烘烤，餅
乾就會顯得相當
閃亮

巧克力杯子蛋糕

TIME	40 分鐘（含烘烤時間）
YIELD	6 個

INGREDIENTS

奶油 120g
糖 110g
雞蛋 2 顆
低筋麵粉 110g
可可粉 35g
精鹽 少許
泡打粉 1 小匙
牛奶 40g
巧克力豆 90g

替代食材

巧克力豆▶堅果類、水果乾

TIP

可可粉質地非常精細，也因此容
易結塊。和麵粉一起使用篩網過
濾時，若出現結塊，可輕輕壓碎
使其通過篩網。

H-o-w —T-o— M-a-k-e

不同的烤箱可能影
響加熱的時間，基
本烘焙 20 分鐘後，
可確認蛋糕的狀態
調整加熱時間

1 奶油與配料混合

將奶油置於室溫軟化，
放入盆中打散，再將糖
分成 2～3 次均勻拌入。

2 放入蛋液

蛋液也同樣分成數次加
入，用電動攪拌器混
勻。

3 製作麵糰

將低筋麵粉、可可粉、
鹽、泡打粉一起經由篩
網過濾，與牛奶一起加
入盆中攪拌，牛奶完全
融合後加進巧克力豆。

4 烘烤

在容器中鋪上烘焙紙或
擺入蛋糕紙模，放入麵
糰至 7 分滿，再以事先預
熱至 180℃ 的烤箱烘烤 20
～25 分鐘。

伯爵紅茶杯子蛋糕

TIME　40分鐘（含烘烤時間）

YIELD　6個

INGREDIENTS
伯爵紅茶茶包2個
奶油 70g
糖（A）55g
蛋黃2顆
蛋白1顆
糖（B）15g
低筋麵粉 100g
杏仁果粉 20g
泡打粉 4g
精鹽 少許
鮮奶油 50g

替代食材
鮮奶油▶牛奶

TIP
將蛋黃和蛋白各自分開，比較容易打散起泡。但若先打蛋白再打蛋黃，蛋白的氣泡容易消散，應以先蛋黃再蛋白的順序處理。

—H—o—w—T—o—M—a—k—e—

烤箱事先預熱，模具也事先準備妥當，才能在氣泡消散前及時烘烤

1　紅茶鮮奶油
將伯爵紅茶茶包與一部分鮮奶油加熱浸泡約5分鐘。

2　混合材料
奶油事先置於室溫軟化，放入盆中打散，將糖(A)分成2～3次加入拌勻，再放入蛋黃一起攪拌。另外將蛋白與糖(B)迅速打成蛋白糖霜，先放一半與蛋黃混合，再放入另一半全數拌勻。

3　放入粉類材料
將低筋麵粉、杏仁果粉、泡打粉、精鹽以細篩網過濾，先放一半與步驟2的材料拌勻，再將剩餘的另一半混入。

4　烘烤
將步驟3的麵糊與步驟1的紅茶鮮奶油混合拌勻，填入蛋糕紙模至5分滿，再以180℃的烤箱烘烤20～25分鐘。

南瓜磅蛋糕

最近喜歡用黏土做成食物模樣的小女兒，突然問我知不知道磅蛋糕名稱的由來。我很自然地回答，「磅」是英國常用的計量單位，製作這種蛋糕需要奶油、糖、麵粉各1磅而得名。本來想將網路影片聽來的資訊告訴媽媽，但媽媽卻早已知情，這件事讓在料理界超過20年的我，因為磅蛋糕被自己的女兒稱讚。如果她知道媽媽也會做磅蛋糕，應該會更驚訝吧？

TIME　　　45 分鐘（含烘烤時間 30 分鐘）

YIELD　　6 人份

INGREDIENTS
奶油 150g
紅糖 90g
雞蛋 3顆
栗南瓜 200g
南瓜粉 20g

低筋麵粉 170g
泡打粉 ½小匙
奶油 1匙

替代食材
南瓜粉▶太白粉、魁蒿粉、
　　　　起司粉

TIP
磅蛋糕一般以長方形模具為主，
但也可用圓形蛋糕模具或杯子蛋
糕模具替代。

—— H·o·w —T·o— M·a·k·e ——

> 一次加入過多蛋
> 液，容易相互分離
> 無法融合，應分成
> 數次少量拌入

> 奶油事先置於
> 室溫退冰軟化

1 加熱南瓜
將南瓜削皮後切成細條狀，以微
波爐加熱約1分鐘。

2 混合奶油與糖
將奶油放入盆中打散，紅糖分2次
加入混勻。

3 拌入蛋液
將均勻打散的蛋液分成數次加進
步驟2的材料中並充分攪拌。

4 加入粉類材料
將南瓜粉、低筋麵粉、泡打粉經
由篩網加入盆中，與牛奶、加熱
過的南瓜一起充分混合成麵糰。

5 烘焙
將磅蛋糕模具鋪上一層烘焙紙，
填入麵糰至7分滿，以事先預熱至
170℃的烤箱烘烤30～35分鐘。

杏仁胡桃巧克力

TIME   25 分鐘

YIELD   2 個

INGREDIENTS

★主材料
胡桃 50g
杏仁果 50g
巧克力 130g
可可粉 3 匙
★糖漿材料
糖 35g
水 2 匙

替代食材

可可粉▶糖霜粉、草莓粉

TIP

利用糖和水製作糖漿時無須攪
拌，直接加熱至糖溶化即可。

 H-o-w—T-o—M-a-k-e

糖漿過度滾煮
會變得乾硬，
只要稍微加熱
至糖溶化。

1 製作糖漿

在鍋中放入糖和水，加
熱沸騰後轉為小火。

2 裹上糖漿

將胡桃和杏仁果各自放
入糖漿中，攪拌至硬化
的糖漿從白色結晶轉為
焦糖色即可。

3 冷卻

將胡桃和杏仁果鋪在烘
焙紙上冷卻，使彼此不
碰觸交疊。

4 裹上巧克力漿

將巧克力隔水加熱融化
後，放入冷卻的胡桃與
杏仁果，均勻裹上巧克
力漿後撈起凝固。先將
可可粉充分撒上，最後
以篩網輕輕過濾多餘的
可可粉。

五穀能量棒

TIME 　　30 分鐘（不含冷卻時間）

YIELD 　　8 人份

INGREDIENTS

★主材料
玄米 1 杯
鹿藿 ¼ 杯
高粱 ¼ 杯
蔓越莓 2 匙
南瓜籽 2 匙

★糖漿材料
水飴 4 匙
糖 3 匙
水 1 匙
奶油 0.5 匙

替代食材
南瓜籽 ▶ 堅果類

TIP
穀類可使用已炒過的市售商品。
若要自己炒，應將穀物洗淨後完
全瀝乾，用底部較厚的鍋子以小
火慢炒至散發香氣，

─H-o-w─T-o─M-a-k-e─

糖漿過度滾煮，
會變得乾硬，
只需稍微加熱
至糖溶化。

若舖得太厚，
裁切時較易破
碎，厚度以 1cm
左右為佳。

1 混合穀物
將玄米、鹿藿、高粱、
蔓越莓、南瓜籽全部混
勻。

2 裹上糖漿
將糖漿材料全數放入鍋
中加熱至起泡，使糖完
全融化，再加入混合好
的穀物拌勻。

3 定型
在烘焙紙或塑膠膜的表
面塗刷少許食用油，將
穀物填入定型框中用力
壓緊。

4 切塊
冷卻結塊後切成適合食
用的條狀。

拔絲地瓜

TIME	20 分鐘 (不含冷卻時間)
YIELD	2 人份

INGREDIENTS

★主材料
地瓜 1 個
食用油 1 匙
黑芝麻 少許

★糖漿材料
糖 2 匙
水飴 1 匙
醬油 1 匙

替代食材

水飴▶寡糖漿、糖稀
地瓜▶栗南瓜

TIP

使用烤箱製作的拔絲地瓜,比油
炸更簡便迅速。

―H-o-w―T-o―M-a-k-e―

1 切地瓜

將地瓜洗淨後,連同外
皮一起切成適口塊狀。

若沒有烤箱,可
將炸油預熱至
170℃,將地瓜炸至
全熟且外表微焦

2 烘烤

將地瓜與食用油均勻混
合,放入200℃的烤箱中
加熱約10分鐘。

糖漿過度滾煮
會變得乾硬,
只要稍微加熱
至糖溶化就好

3 裹上糖漿

在鍋中放入糖漿材料,
加熱滾起再放入地瓜
塊,均勻包裹糖漿後撒
上黑芝麻。

糯米涼糕

TIME　　20 分鐘（不含冷卻時間）

YIELD　　2 人份

INGREDIENTS
糯米粉 1 杯（130g）
水 ½ 杯
糖 2 匙
鹽 少許
食用油（塗刷塑膠膜）適量
黃豆粉 1 杯

替代食材
黃豆粉 ▶ 黑芝麻粉、松子粉

TIP
糯米粉應選用完全乾燥者，以微波爐加熱時，應使用寬大的容器，才能連涼糕的內部也迅速受熱。

─ H·o·w ─ T·o ─ M·a·k·e ─

完全乾燥的市售糯米粉應使用足量的水，若是從糯米店買來的新鮮產品，可稍微減少水的分量

1 製作麵糰
將糯米粉和½杯水、糖、鹽放入盆中，充分攪拌成麵糰狀。

2 使用微波爐加熱
覆上保鮮膜，放進微波爐加熱約3分鐘，取出並均勻攪拌後蓋回保鮮膜，再次加熱約2分鐘。

3 冷卻
糯米粉全熟後壓揉麵糰數次，在表面塗刷一層食用油，裝入塑膠袋或密封容器中完全放涼。

4 包裹黃豆粉
糯米糕凝固後切成適合食用的塊狀，充分裹上黃豆粉。

薑汁檸檬水

TIME　　30 分鐘

YIELD　　10 杯

INGREDIENTS
生薑 50g
檸檬 2 顆
糖 400g
水 1L

替代食材
糖▶紅糖、蜂蜜

TIP
飲用時可用 1 杯冰水，混入 2 ～
3 匙薑汁檸檬，擺上一片香草或
檸檬片。

─ H·o·w ─ T·o ─ M·a·k·e ─

瓶子洗淨後倒扣進
鍋中，填入一半的
水加熱煮沸，以蒸
氣消毒後取出，將
水分亮全晾乾

1 準備薑泥
生薑清洗乾淨後去皮，
再壓成碎泥狀。

2 準備檸檬汁
將檸檬皮削磨成碎末
狀，並以工具擠出檸檬
汁。

3 加熱
將壓碎的生薑、檸檬皮
末放入水中加熱，持續
燉煮約40分鐘，呈現較
濃稠的果漿狀，再以篩
網過濾。

4 放入糖漿
將燉煮好的果漿、糖、
檸檬汁放入鍋中拌勻，
以小火慢煮至糖完全溶
化靜置放涼，再填入瓶
中冷藏保存。

咖啡果昔

TIME 15 分鐘

YIELD 2 杯

INGREDIENTS
冷凍香蕉 1 根
小荳蔻 2 匙
濃縮咖啡 3 ～ 4 匙
椰子水 ½ 杯
杏仁果粉 1 匙

替代食材
濃縮咖啡▶即溶咖啡
椰子水▶碳酸水、飲用水

TIP
可直接將整顆杏仁果打碎，替代
材料中的杏仁果粉。

—H·o·w—T·o—M·a·k·e—

> 香蕉連同外皮一起
> 冷凍，便用時會難
> 以剝除，應先去皮
> 再冷凍

1 準備材料
將冷凍香蕉切成塊狀，小荳蔻切半後
去殼，僅使用其中的籽。

2 打碎
將切好的冷凍香蕉、濃縮咖啡、小荳蔻
籽、椰子水、杏仁果粉放入食物調理
機，一起打成細泥狀，再盛入杯中享
用。

草莓氣泡水 & 柚子氣泡水

TIME　　20 分鐘（不含冷卻時間）

YIELD　　2 杯

INGREDIENTS

★草莓氣泡水材料

草莓 200g

糖 50g

薄荷 5g

碳酸水 2 杯

冰塊 適量

★柚子氣泡水材料

柚子 2 顆

糖 60g

薄荷 5g

碳酸水 2 杯

冰塊 適量

替代食材

碳酸水▶透明汽水

TIP

若以市售的透明汽水替代碳酸水，應減少糖的分量。另外也可以省略糖，改放蘭姆酒或通寧水，變化成含有酒精的雞尾酒飲料。

─H·o·w─T·o─M·a·k·e─

草莓氣泡水

1 準備材料

將草莓洗淨，拔除蒂頭後切片，與30g糖混合後靜置出水。薄荷洗淨後瀝乾，拌入剩餘的20g糖，輕輕搗出薄荷汁液。

2 組合

將處理好的草莓和薄荷放入杯中拌勻，倒進碳酸水和冰塊。。

柚子氣泡水

1 準備材料

1顆柚子一半用工具擠成汁並與糖混合調勻，另一半切成片。

2 組合

將切片的柚子放入杯中，加進柚子汁和薄荷，倒入碳酸水和冰塊。

棉花糖可可

TIME 30 分鐘(不含棉花糖凝固時間)

YIELD 20 人份

INGREDIENTS
★主材料
吉利丁 3 包（24g）
水 ½ 杯
糖 2 杯
水飴 1 杯
水 ¼ 杯
精鹽 ½ 小匙
香草粉 1 小匙
★熱可可材料
可可粉 適量
牛奶 適量

替代材料
香草粉▶香草籽

TIP
剩餘的棉花糖以冷藏保存，應妥
善包裹烘焙紙再放入夾鏈袋，約
可存放 2 個月。

—H-o-w—T-o—M-a-k-e—

1 拌煮
將吉利丁與½杯水混合浸
泡。在鍋中放入糖、水
飴、¼杯水、鹽，一起加
熱至糖完全溶化。

2 混合
將浸泡完成的吉利丁以
打蛋器撥散，同時放入
糖漿，持續攪打至白色
氣泡膨脹發起。

3 凝固
充分攪打約10分鐘以
上，接著放入香草粉拌
勻，填入適當的模具中
冷藏定型約1小時，再切
成適當的小塊狀。

4 製作可可
將可可粉與牛奶混合調
勻後，擺上一塊棉花
糖。

16

回家開飯吧！집에가서밥먹자
貨女也學得會的家常料理，讓厭世的上班族回歸餐桌，吃回健康

作　　　者——李美敬
譯　　　者——邱淑怡
封面設計——季曉彤（小痕跡設計）
內頁版型——亞樂設計
內頁排版——李宜芝
責任編輯——施穎芳
責任企劃——汪婷婷
主　　　編——汪婷婷

總 編 輯——周湘琦
發 行 人——趙政岷
出 版 者——時報文化出版企業股份有限公司
　　　　　　10803臺北市和平西路3段240號2樓
　　　　　　發行專線—（02）2306-6842
　　　　　　讀者服務專線—0800-231-705・（02）2304-7103
　　　　　　讀者服務傳真—（02）2304-6858
　　　　　　郵撥—19344724 時報文化出版公司
　　　　　　信箱—臺北郵政79～99信箱
時報悅讀網——http://www.readingtimes.com.tw
電子郵件信箱——books@readingtimes.com.tw
時報出版生活線臉書——https://www.facebook.com/ctgraphics/
法律顧問——理律法律事務所　陳長文律師、李念祖律師
印　　　刷——詠豐印刷有限公司
初版一刷——2017年12月1日
初版二刷——2018年2月6日
定　　　價——新臺幣420元
（缺頁或破損的書，請寄回更換）

時報文化出版公司成立於一九七五年，
一九九九年股票上櫃公開發行，二〇〇八年脫離中時集團非屬旺中，
以「尊重智慧與創意的文化事業」為信念。

外食族們,回家開飯吧!——221道手殘小資女也學得會
的家常料理，讓厭世的上班族回歸餐桌，吃回健康 /
李美敬作；邱淑怡譯. -- 初版. -- 臺北市：時報文化,
2017.12
　面；　公分

ISBN 978-957-13-7243-3(平裝)

1.食譜　2.烹飪

427.1　　　　　　　　　　　　　　　106015421

ISBN 978-957-13-7243-3
Printed in Taiwan

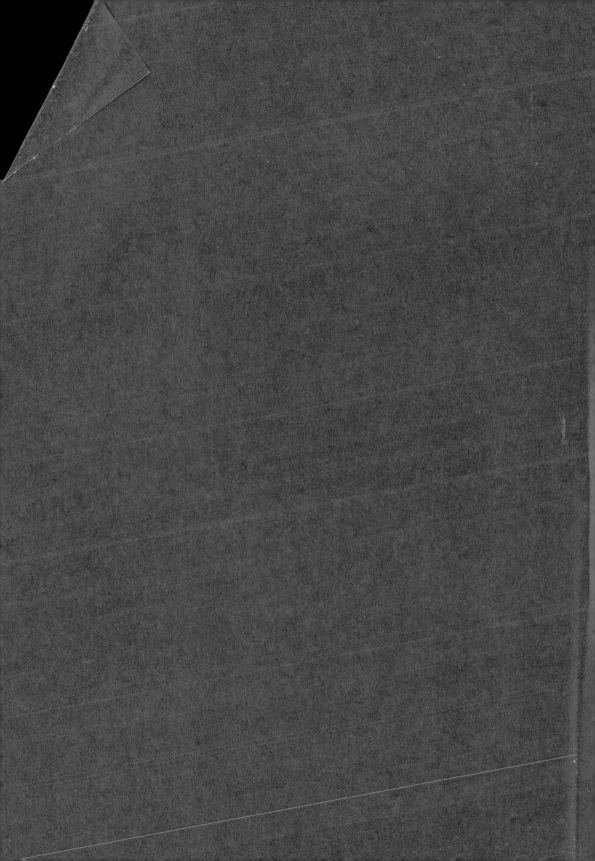